③ 森林・林業を学ぶ100問

木材利用システム研究会 木力検定委員会

立花　敏・久保山裕史
井上雅文・東原貴志

海青社

編著者紹介

編著者
  立花　　敏*　　（筑波大学大学院生命環境科学研究科）
  久保山裕史*　　（森林総合研究所林業経営・政策研究領域）
  井上　雅文*　　（東京大学アジア生物資源環境研究センター）
  東原　貴志*　　（上越教育大学大学院学校教育研究科）

著　者
  宇都木　玄*　　（森林総合研究所植物生態研究領域）
  尾張　敏章*　　（東京大学北海道演習林）
  加藤　あかり　　（筑波大学生物資源学類）
  木俣　知大　　（国土緑化推進機構）
  関岡　東生*　　（東京農業大学地域環境科学部森林総合科学科）
  田村　和也　　（森林総合研究所林業経営・政策研究領域）
  當山　啓介*　　（東京大学千葉演習林）
  長谷川尚史　　（京都大学フィールド科学教育研究センター）
  花本　沙希　　（筑波大学生物資源学類）
  堀　　靖人*　　（森林総合研究所林業経営・政策研究領域）
  前川　洋平　　（東京農業大学地域環境科学部森林総合科学科）
  柳澤　詩織　　（筑波大学生物資源学類）
  山田　容三　　（名古屋大学大学院生命農学研究科）
  （五十音順）
  (*は木力検定委員会委員)

表　紙・イラスト
  川端　咲子

はじめに

　地球温暖化の緩和策として、再生可能な資源である木材や木質バイオマスの利用拡大が期待されています。また、それらの生産の場である森林や林業について、その役割、仕組み、担い手などに関心が高まっています。森林には、木材生産のほかにも、二酸化炭素の吸収、水源のかん養、土砂流出の防止など、さまざまな公益的機能があり、これらの価値は年間75兆円程度と試算されています。もちろん、文化的価値など金額に換算できない機能も多くあります。私たちは、木材や木質バイオマスを利用する立場からも、森林、林業を正しく理解しておくことが大切でしょう。

　既刊『木力検定①木を学ぶ100問』『木力検定②もっと木を学ぶ100問』に引き続き、本巻では、これだけは知っておきたい森林・林業に関する100問を収録しました。"光合成が盛んになる天気は晴れ？曇り？""樹を植えて育てるコストは？""丸太の輸入関税は何パーセント？"など……前作と同様、「木材利用の入門書」として、森林や樹木の不思議、木材の生産や流通について、やさしく楽しく学んで戴けるよう工夫しました。また、各分野専門家の解説によって、さらに深く学んで戴くことも出来ます。

　『木力検定』は、木材利用システム研究会・木力検定委員会において問題と解説を作成しています。木材利用システム研究会のホームページにて、『ウェブ版・木力検定』(URL: http://www.woodforum.jp/test/mokken/)を公開しています。初級(木ムリエ)と中級(ウッドコンシェルジュ)があり、所定問以上正答されると、それぞれ合格証書がプリントアウトできます。こちらも是非お試し下さい。

　なお、本書編集の一部は、林野庁「木材利用ポイント事業」地域材利用に関する広報(パブリシティ促進型等広報事業)連携・協働による広報事業によって実施されました。林野庁、国土緑化推進機構をはじめ、関係各位に厚く御礼申し上げます。

2014年9月1日
木材利用システム研究会 会長
木力検定委員会 委員長
井上　雅文

木力検定に挑戦！

　WEB版木力検定は無料です。どなたでも自由に受検できます。
　初級検定・中級検定があり、それぞれ20問中14問以上正解で合格証書が表示されます。合格証書には受検時に入力された氏名と合格証書番号が記載されます。

URL: http://www.woodforum.jp/test/mokken/

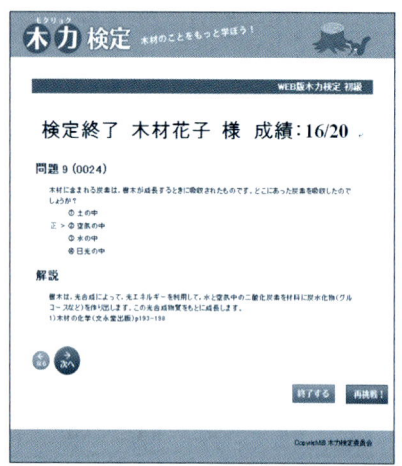

③ 森林・林業を学ぶ100問

目　次

《問題ページの凡例》

> Web検定受検者の正答率を示しています。

> 難易度を表示しています。
> 🌿：Web検定初級問題
> 🌿：Web検定中級問題

目　　次

はじめに 1
解答用紙 8

🌲 森林資源の豊かさを学ぼう ...9

1　森林の現存量とは？ 10
2　森林の現存量の比較 11
3　陸地の面積と森林の面積 12
4　森林減少の大きな国は？ 13
5　世界的に増加する人工林 14
6　木材生産の盛んな国は？ 15
7　森林蓄積の地域性 16
8　素材生産の地域性 17
9　人工林の少子高齢化 18
10　丸太の重さ 19
11　木材のエネルギー利用 20
12　丸太のもつエネルギー量 21
13　薪や炭と森林 22
14　欧州の木質バイオマスエネルギー利用 23
15　木質バイオマスの供給拡大 24

🧒 樹木のふしぎを学ぼう ...25

16　光合成に重要な波長 26
17　光合成に適した気象条件 27
18　樹木のCO_2固定量 28
19　呼吸量の大きさ 29
20　水を吸い上げるしくみ 30
21　葉の不思議 31
22　紅葉のしくみ 32
23　落葉する針葉樹 33
24　攪乱と遷移 34

木力検定

25	森林の遷移	35
26	壮齢林の役割	36

森林を育てる作業を学ぼう...37

27	タネから育てた苗木	38
28	地ごしらえ	39
29	植え付けと下刈り	40
30	積雪地での林業作業	41
31	まだある保育作業	42
32	節の少ない木材を得るには?	43
33	使える部分、使えない部分	44
34	樹木の大きさを測る	45
35	スギ林の価格	46
36	森林を育てるためのコスト	47
37	天然更新と択伐施業	48
38	野生動物と森林・林業	49
39	森林を見おろす	50
40	広大な森林を把握する技術	51
41	適地適木	52

木材の収穫を学ぼう...53

42	いろいろな形の伐採収穫	54
43	立木の伐倒	55
44	伐倒した木の処理	56
45	集材の方法	57
46	丸太の輸送	58
47	チェーンソー	59
48	高性能林業機械	60
49	集材機械のいろいろ	61
50	北欧の機械化林業	62

| 51 | 林道の整備 | 63 |
| 52 | 都道府県別の林内路網密度 | 64 |

森林を育てる担い手について学ぼう...65

53	農業・林業の全数調査	66
54	森林の所有者	67
55	日本の林家	68
56	不在村森林所有者	69
57	林業従事者の人数	70
58	林業従事者の高齢化	71
59	森林総合監理士	72
60	森林組合の組合員	73
61	森林組合による丸太生産	74
62	国有林による丸太生産	75
63	森林を管理・利用するための制度	76
64	日本の森林認証面積	77
65	林業労働災害の発生率	78
66	林業における労働災害の傾向	79
67	林業作業の安全教育	80

木材の流通と貿易について学ぼう...81

68	木材自給率	82
69	1人当たりの木材消費量	83
70	輸入木材の形態	84
71	輸入木材チップ	85
72	丸太に課せられる輸入関税	86
73	木製家具の輸入	87
74	違法伐採材対策	88
75	木材輸送船の大きさ	89
76	紙消費に影響する要因	90

77	割り箸の消費量	91
78	日本の木材輸出	92
79	スギの用途	93
80	世界各国の木材の用途	94
81	国産広葉樹材の用途	95
82	丸太の売買	96
83	キノコの生産額	97
84	森林に関する国際機関	98

森林と人との関わりについて学ぼう...99

85	森林・林業と伝統的工芸品	100
86	ロウソクも森林から	101
87	貨幣と樹木	102
88	都道府県の木	103
89	日本三大美林	104
90	磨き丸太の産地	105
91	タケの分布と利用	106
92	重い丸太を軽く	107
93	山村の現状と森林・林業	108
94	共同で利用する森林	109
95	国民の森林への期待	110
96	土砂崩れを防ぐ森林	111
97	白神山地	112
98	子どもたちの団体	113
99	募金による森林整備	114
100	国土緑化運動	115

正　　答	116
索　　引	118
参考文献等	120
木ここち心理テスト	124

解答用紙

●森林資源の豊かさを学ぼう

問題	①	②	③	④
1				
2				
3				
4				
5				
6				
7				
8				
9				
10				
11				
12				
13				
14				
15				

●樹木のふしぎを学ぼう

問題	①	②	③	④
16				
17				
18				
19				
20				
21				
22				
23				
24				
25				
26				

●森林を育てる作業を学ぼう

問題	①	②	③	④
27				
28				
29				
30				
31				
32				
33				
34				
35				
36				
37				
38				
39				
40				
41				

●木材の収穫を学ぼう

問題	①	②	③	④
42				
43				
44				
45				
46				
47				
48				
49				
50				
51				
52				

●森林を育てる担い手について学ぼう

問題	①	②	③	④
53				
54				
55				
56				
57				
58				
59				
60				
61				
62				
63				
64				
65				
66				
67				

●木材の流通と貿易について学ぼう

問題	①	②	③	④
68				
69				
70				
71				
72				
73				
74				
75				
76				
77				
78				
79				
80				
81				
82				
83				
84				

●森林と人との関わりについて学ぼう

問題	①	②	③	④
85				
86				
87				
88				
89				
90				
91				
92				
93				
94				
95				
96				
97				
98				
99				
100				

＊正答はpp.116-117

森林資源の豊かさを学ぼう

1 森林の現存量とは?

(正答率 45%)

森林には様々な生き物がいます。それでは私たちの住宅の柱として使われる「生き物の部位」は次のうちどれでしょうか?
- ① 草本植物の幹
- ② 木本植物の幹
- ③ 木本植物の根
- ④ 土壌にすむ微生物

森林には木本植物(樹木)や草本植物(草)が生活しています。木本植物は光合成によって作られた糖類を体内に蓄積し、数十年から数百年に渡る寿命を持つことが特徴です。一方、草本植物は多年生草本植物もありますが、多くは1年で枯れてしまいます。

樹木は、光合成を行う「葉」、葉を陽光まで支える「枝」(葉がある場所を樹冠と呼びます)、枝や葉を支える「幹」、水や養分を吸収する「根」から構成されます。森林の「現存量」というと、葉、枝、幹、根の「重さ」です(森林では特に断りの無い場合、葉、枝、幹の合計)。この重さは、乾燥重量であったり、生重(水を含んだ状態)であったりするので注意が必要です。森林には多くの植物が生活しており、その中の木の大きさも様々です。そのため現存量を表す時は、単位面積当たりどれくらい、という表現が用いられます(問題2参照)。重さを容積密度(トン/m^3)で割れば、体積(m^3)で表すこともできます。樹種ごとにおおよその容積密度が知られています。

私たちの生活に大切なのが樹木の「幹」で、住宅の柱や家具などが作られます。また魚などを入れる魚箱や、梱包材としての利用も重要です。「枝や幹」を砕いた物からはパルプが作られ、紙になります。一方、「根」は土をつなぎ止めて土砂が崩れるのを防ぐと共に、健全な土壌の形成を通じて、水を土壌中に蓄える働きをします。「葉」は光合成を行い、樹木の生命を支えると共に、それらを食べる土壌微生物を出発点とする食物連鎖のエネルギー源として重要です。

また、樹木はカーボンニュートラルなエネルギー源と考えられています。それは燃やした時に、光合成で蓄えたCO_2由来の炭素しか大気中に排出しないからなのです。

2 森林の現存量の比較

(正答率17％)

単位面積あたりの現存量が最も大きな森林は次のうちどれでしょうか？
 ① アメリカ西海岸のセコイア林
 ② マレーシアの熱帯雨林
 ③ 山形県のスギ人工林
 ④ オーストラリアビクトリア州のユーカリ林

 アメリカ西海岸カリフォルニア州シェラネバダ山脈北部からオレゴン州最南端部の、霧のかかる温和な場所に成育するセコイア林は、なんと乾燥重量で2,300トン/ha（10,800 m^3/ha）の現存量があり、測定された森林では最大です。同地域に育つセコイヤメスギは、最大樹高が115.6mもあるそうです。またシャーマン将軍の木で有名なセコイヤオスギは、一本の幹で1,487 m^3（約670トン）もあります。マレーシアなどにある熱帯雨林の平均現存量は450トン/ha程度であり、2,000トン/haは超えません。日本では山形県の金山スギで1,250トン/ha（2,780 m^3）前後あり、最大と考えられています（写真）。オーストラリアのビクトリア州にあるユーカリは、かつて樹高が132mにも達していたという記載がありますが、定かではありません。

陸地の面積は地球上の30％程度ですが、そこに成育する植物の現存量は地球上の99.8％を占めると考えられています。その中でも森林は80～90％を占めており、二酸化炭素の蓄積の場、蒸発散による環境緩和の場、防災機能、そして住宅や家具などの生活資材の供給地として、私たちの生活に大切な役割を果たしています。

樹齢200年以上のスギの大木

3 陸地の面積と森林の面積

(正答率48％)

地球の陸地面積は約130億haです。そのうち森林面積はおよそ何億haでしょうか？

① 20億ha　③ 60億ha
② 40億ha　④ 80億ha

 地球規模で見ると、2010年において森林面積は土地面積（内水面積は含まず）の31％を占めており、およそ40億haです。

森林面積の上位5カ国はロシア（8億909万ha）、ブラジル（5億1,952万ha）、カナダ（3億1,013万ha）、米国（3億402万ha）、中国（2億686万ha）で、これらの森林面積を合計すると世界の森林面積の過半に達します。さらに、コンゴ、オーストラリア、インドネシア、スーダン、インドの5カ国を加えると3分の2にもなります。他方、10カ国・地域に森林が全くなく、54カ国・地域の森林面積は国土面積の10％未満に留まっています。

森林は、生態学的には樹木を中心とした植物群落と定義されます。樹木は高く成長することから、森林は垂直方向の空間構造と、その空間に生活する様々な植物の複雑な内部構造を作り上げています。世界規模での森林について、現地調査や衛星画像などの方法を組み合わせて把握した結果が、統計データとして国連食糧農業機関＊（FAO）などの国際機関により公表されています。統計における森林は、土地利用の目的、樹冠（木の上部にあって枝や葉の茂っている部分）の広がり（樹冠投影面積）がその土地のどのくらいを被っているかで定義されます（図）。FAOは、0.5ha以上のまとまりがあり、樹冠被覆率が10％以上を占めるところを森林と定義しています。

＊問題84参照

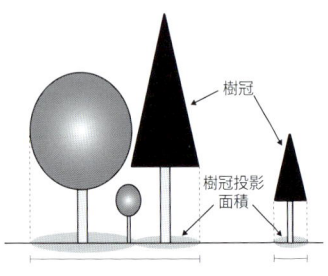

樹冠投影面積のイメージ

4 森林減少の大きな国は？

(正答率64%)

2000〜2010年に最も森林面積が減少した国はどこでしょうか？

①オーストラリア　③インドネシア
②ブラジル　　　　④ナイジェリア

2005〜2010年の間で森林が減少した国々について、その減少面積の合計をとると、日本の人工林面積とほぼ同じ年平均1,022万haにも上っていました。気候変動に関する政府間パネル（IPCC）によると、地球温暖化をもたらす温室効果ガスの排出源のうちで、60％近くを占める化石燃料利用に次いで、森林減少によるCO_2排出が大きく17％を占めています（図）。森林減少を止めることは、温暖化防止や生態系保全の上でいまだに重要な課題といえます。

森林減少を地域的にみると、南米は年間360万ha、アフリカは年間340万haも減少しています。中でも、広大な森林を有し、世界の肺とも呼ばれるブラジルでは、年間220万haと最も大きく減少しています。2番目に減少しているのはオーストラリアで、主に森林火災によって年平均92万ha減少しています。3番目と4番目はインドネシアとナイジェリアでそれぞれ毎年69万ha、41万ha減少しています。

一方、森林面積が増加している国々もあります。第5問にある人工林面積の拡大が主な要因ですが、そうした国々の森林増加面積を合計すると465万haに上ります。先ほどの減少面積からこの値を除いた557万haが正味の森林減少面積となります。

森林を守るためには、原生的な自然をそのまま残す方法もありますが、森林資源を有効活用しながら、伐採跡地をきちんと森林に再生させる持続的利用も重要です。

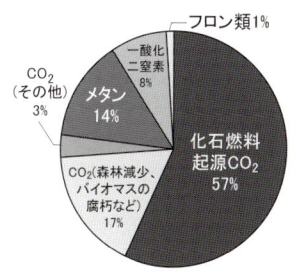

世界の人為起源の温室効果ガス排出
資料：IPCC 第4次評価報告書統合報告書政策決定者向け要約(2007)

5 世界的に増加する人工林

(正答率54％)

植林や播種による人工林面積が近年最も増えている国は次のうちどれでしょうか？

① 米国　　② ブラジル　　③ オーストラリア　　④ 中国

　植えてから3〜10年程度で収入が得られるため、途上国を中心として、ユーカリやアカシア等の早生樹の人工林造成が盛んになっています。日本のスギとヒノキは、主に製材生産に用いられるのに対して、早生樹種の丸太は、紙や合板、ボード生産に用いられています。最近、ラジアータパインやサザンイエローパイン等の針葉樹では、品種改良の結果、約20年で製材品が生産できるほどに育つようになっています。また、広葉樹の早生樹から建築用材を生産する取り組みが報告されています。

　さて、人工林が増えている国ですが、FAOの「FRA2010」（2005〜2010年）によれば、中国が最も大きく、年平均199万ha増加しています。ただしこれには、中国特有の統計の問題や、植林してもうまく育たない人工林（不成績造林地）の存在等が指摘されており、割り引いて考える必要があるようです。2番目に大きいのは、年間33万haのブラジルです。同国では、毎年広大な天然林が非森林あるいは人工林に変化しており、生態系の保全が大きな課題といえるでしょう。3、4番目は年間18万haを超す米国とカナダです。両国では、年金基金等からの投資による企業的な人工林管理が多く見られます（写真）。

　日本は、スギとヒノキに代表される人工林資源が充実しています。狭い国土面積のうち、農業に向かない傾斜地の割合が非常に高いため、国土の緑化や資産形成を目指して造成された日本の人工林面積は、今や1,000万haを超え、中国、米国、ロシアに次いで世界第4位です。

初回間伐（植栽11年）後のサザンイエローパイン人工林

6 木材生産の盛んな国は？

(正答率27％)

製材・合板、紙・パルプ用材の森林面積あたりの生産量は、次の国の組み合わせのうちどれが最も大きいでしょうか？
- ①英国・スウェーデン
- ②ブラジル・アルゼンチン
- ③ドイツ・オーストリア
- ④米国・カナダ

　製材・合板・紙・パルプ用材として利用される産業用材生産量の上位3カ国は、米国、カナダ、ロシアですが、すべて森林面積が大きい国です。ここでは、林業・林産業の競争力の比較を目的として、FAOの統計を用いて、各国の産業用材生産量を森林面積で割った値を計算してみました。

　1位はアフリカのトーゴ、8.6m³/haです。ドイツ、オーストリアは4位、7位で、4.0～6.3m³/haもの産業用材生産を行っています（写真）。これら中欧の森林国では、木の成長が旺盛で、林業・林産業の競争力が高く、持続的な木材生産を行っているといえるでしょう。英国、スウェーデンも、12位、15位で3m³/ha前後と高い値です。産業用材生産量の多い米国とカナダはそれぞれ33、50位にとどまっていますが、これは、樹木の成育が悪い林や、林業が制限されている保護林が多いためです。南米のアルゼンチン、ブラジルも原生林が多いこともあり、それぞれ67位、81位です。ちなみに日本は0.7m³/ha、48位にとどまっており、成長量から見積もると生産量を3～4倍に増やせると考えられます。今後、林産業や林業の競争力強化を通じて外材等に対抗することが重要です。

　ところで、燃材も加えた全丸太生産量でみるとアフリカを中心とした熱帯諸国が上位を占め、20m³/haを超す国もあります。そうした国では樹木の成長が良いこともありますが、過剰伐採が問題となっていることが多く、この値が大きいことには2つの意味があることに注意が必要です。

オーストリアにおける効率的な用材生産

7 森林蓄積の地域性

(正答率18%)

2012年現在、森林1haあたりの蓄積量（幹の体積）が最も大きい都道府県は次のうちどこでしょうか？

①熊本県　　②福島県　　③和歌山県　　④北海道

日本の森林面積は、1966年以降ほとんど変化していません。ただし、その内容を見ると、人工林面積が300万ha近く増加しており、その分天然林面積は減少しました。一方、蓄積量の変化を見ると、1966年当時は19億m^3であったものが、2012年には49億m^3と倍増しています。この増加の大部分は、人工林の旺盛な成長によってもたらされています。森林蓄積を立木地面積で割った値は、立木の大きさ（高さと太さ）と大きく関係しています。この値が大きい、すなわち立木が大きいと、1本あたりの材積が大きくなるため、伐出の生産性が高くなります。ちなみに、全国平均値は1966年には81m^3/haであったものが、2012年には207m^3/haへと増加しています。

地域ごとに見てみると、森林面積、森林蓄積の大きさはともに北海道、岩手県、長野県の順となっていますが、森林面積あたりの森林蓄積が大きいのは、熊本県、佐賀県、高知県の順となっています（表）。これは、材積成長の旺盛なスギなどの人工林の割合が多いと、面積の割に材積が大きくなるためです。北海道は、広葉樹を主体とする天然林の割合が高いので、面積あたりの森林蓄積は44位と小さくなっています。しかし、広葉樹材は針葉樹材よりも1.5〜2倍程度重いので、重さで考えると違った結果になるかもしれません。ちなみに、和歌山県は7位、福島県は23位となっています。

森林面積あたりの森林蓄積の大きな都道府県（2012年）

順位	都道府県名	森林蓄積（千・m^3）	立木地面積（ha）	立木地面積あたりの蓄積（m^3/ha）
1	熊本県	133,698	430,507	311
2	佐賀県	31,407	101,350	310
3	高知県	179,911	585,283	307
4	徳島県	91,324	305,944	298
5	大分県	121,234	413,019	294
6	山口県	121,288	420,152	289
7	和歌山県	101,933	358,241	285
8	埼玉県	33,266	119,696	278
9	宮崎県	157,927	570,048	277
10	愛媛県	106,381	385,937	276
全国計		4,900,062	23,718,745	207

資料：林野庁「森林資源の現況」（平成24年3月31日現在）

8 素材生産の地域性

(正答率60％)

2013年現在、森林1haあたりの丸太（素材）生産量が最も大きな都道府県は次のうちどこでしょうか？

①岩手県　②岐阜県　③北海道　④宮崎県

森林の面積と蓄積が大きな都道府県を上から5つ並べると、ともに岩手県、北海道、長野県、福島県、岐阜県の順になっています。これに対して、丸太（素材）生産量が多いのは、北海道、宮崎県、岩手県、秋田県、熊本県の順番となっています。このように森林資源量と素材生産量は必ずしも比例関係にあるわけではありません。

そこで、森林資源の活用度合いをみるために、2013年の丸太（素材）生産量を立木地面積で割った値を計算してみました。すると、宮崎県、大分県、熊本県、茨城県、栃木県の順となりました（表）。これらの県には、成長の早いスギの人工林が多いことや、それほど急峻ではなく林業に適した森林が多いこと、さらには、競争力の高い林産業が存在するため丸太の需要が多いこと等の共通した特徴がみられます。

北海道は、素材生産量が全国1位で林業は盛んですが、天然林が多く、森林の成長は九州に比べると低くなっているため、森林面積あたりの素材生産量で見ると22位であり、上位に入っていません。

森林面積あたりの素材生産量の大きな都道府県（2013年）

順位	都道府県名	素材生産量（千m^3）	立木地面積（ha）	立木地面積あたりの素材生産量（m^3/ha）
1	宮崎県	1,713	570,048	3.01
2	大分県	928	413,019	2.25
3	熊本県	953	430,507	2.21
4	茨城県	341	178,438	1.91
5	栃木県	489	336,182	1.45
6	秋田県	1,106	817,599	1.35
7	愛媛県	504	385,937	1.31
8	佐賀県	129	101,350	1.27
9	青森県	779	613,342	1.27
10	鹿児島県	700	553,689	1.26
	全国計	19,646	23,718,745	0.83

資料：林野庁「森林資源の現況」（平成24年3月31日現在）、農林水産省「平成25年木材統計」

9 人工林の少子高齢化

(正答率56％)

日本の人工林を樹齢50年以下と51年以上に分けると、その1985年時点の面積比は、951万ha：66万ha≒14：1でした。では、2012年時点の面積比は次のどれに近いでしょうか？

　①28：1　②14：1　③2：1　④1：4

　樹齢30年以下の人工林は、立木が大きく育っておらず、利用には適していません。地域的な違いもありますが、35年あたりから利用に適した大きさの立木が増え始めます。そして、50年あたりになると、立木が利用に適した大きさとなるので、地域によっては主伐の対象となります。

　1985年当時の樹齢50年以下と51年以上の人工林の面積比は、14：1と大きく若齢に偏っていました。細くて樹高が低い立木がほとんどで、そうした立木から丸太を生産するのは手間がかかりますし、細い丸太は節が多いことから、そうした丸太を加工して外材に対抗するのは困難であったと考えられます。2012年時点では、上記の面積比は667万ha：360万ha≒2：1となっています。ようやく、人工林の1/3が主伐対象となりつつあり、国産材時代の到来が期待されているところです。

　ところで、最近の植林面積は年間2.5万ha前後ですので、それがすべて樹齢51年以上の林分の皆伐跡地（立木を全て伐採した土地）であると仮定します。これが、今後も続いた場合、50年後には125万haの50年以下の人工林が新たに誕生することになります。一方、2012年に50年以下であった667万haはすべて51年以上になっているはずですので、当時、51年以上であった360万haと合計した1,027万haから、伐採・再造林される125万haを差し引いた902万haが伐採されずに残ることになります。この時の面積比は125万ha：902万ha≒1：7となり、高齢の人工林がほとんどになってしまいます。このことは、今以上に皆伐・再植林することによって、人工林の若返りを進めていくことが重要であることを示しています。

10 丸太の重さ

(正答率67%)

樹皮を除去した直径20cm長さ4mのスギ丸太1本の重さのうち最も近い値は次のうちどれでしょうか？

① 60kg　③ 500kg
② 120kg　④ 900kg

右図のように、樹皮の内側を測った丸太の末口直径が20cm、材長が4mの場合、日本農林規格（JAS）では、末口直径の値を2乗して、材長をかけた値を1万で割って、約0.16m^3と推計しています。そして、完全に乾燥した状態のスギ材の密度は約0.35トン/m^3ですので、樹皮を除いた丸太の重さは、56kg程度と計算できます。これは、大人2人で持ち上げられる重さですが、山から伐り出した丸太は多量に水分を含んでおり、とても重くなっています。樹種や生えている場所によって丸太の水分量は異なり、スギの場合、木材本来の重さと同じくらいの水を含んでいるので、丸太の重さは120kgと推計できます。これを大人2人で持ち上げるのはかなり大変です。なお、樹皮の重さは幹部の1割程度と仮定すると、樹皮をむく前の丸太の重さは、約130kgと推計できます。

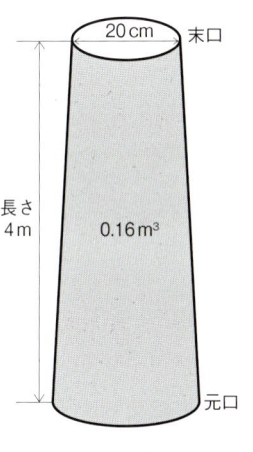

スギ丸太の模式図

ちなみに、ナラやカシなどの広葉樹材の場合、密度は0.6トン/m^3前後と高く、上述と同じ大きさの丸太でも190kg以上になります。水分量はやや低く、容積密度の高い広葉樹材はエネルギー利用に向いていると考えられます。実際に、古くから広葉樹材は薪や炭の原料として利用されてきました。

11 木材のエネルギー利用

(正答率50％)

わが国では、かつて国内の薪炭材生産量が用材生産量を上回っていましたが、現在のように用材生産量が薪炭材生産量を上回るようになったのは、いつ頃からでしょうか？

　①1930年　　②1950年　　③1970年　　④1990年

戦前の日本では、製材や合板、パルプ生産に使う用材の消費量は年間1,000万m^3前後であったのに対して、木炭や薪の生産に用いる薪炭材の消費量は年間3,000万m^3弱と3倍近くがエネルギー利用されていました（図）。特に、石油等の輸入が制限されていた戦時中には、年間6,000万m^3前後という薪炭材消費量を記録しており、石炭、水力に続いて木材は第3番目のエネルギー供給源となっていました。

戦後に安価な石油やガスの輸入が再開されると、薪炭材の生産量は戦前の水準である年間2,000万m^3になり、その後も減少していきました。一方、戦後の復興需要によって、戦前に年間2,000万m^3以下であった用材生産量は、1951年には4,000万m^3近くにまで増加し、薪炭材生産量を上回りました。

1962年の「原油の輸入自由化」以降、便利さも手伝って急速に石油やガスの利用が拡大していきます。それまで使われていた石炭や薪炭の生産量は大きく減っていきます。これは「燃料革命」と呼ばれ、急速に薪炭生産量は減少していきました。一方、国内の用材生産量は円高の進行や、資源的制約等から1967年の5,300万m^3をピークに減少していきました。

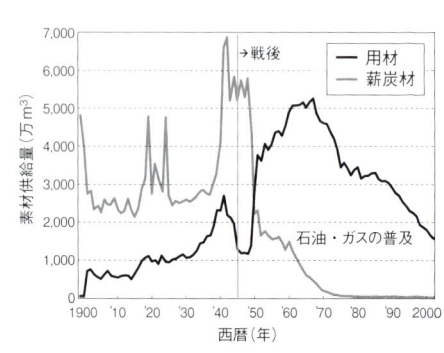

日本における薪炭材と用材の生産量の推移
資料：林野庁（1965）、林野庁編（1972, 1992, 2005）
注：1950年より前の木材伐採量は針葉樹は0.80、広葉樹は0.72を乗じて素材換算を行った。

12 丸太のもつエネルギー量

(正答率34%)

スギの丸太1m³を薪にしてボイラーで熱利用する場合、灯油何リットル分に相当するでしょうか？ ただし、薪は乾燥させて含水率25％に落とし、ボイラーの熱効率は灯油と同じとします。

① 1.7リットル　　③ 170リットル
② 17リットル　　④ 1,700リットル

丸太のもつエネルギー量は、その重さに比例します。ただし、丸太は水分を多く含んでいるので、木炭のような乾燥した燃材と比較すると発熱量は低くなります。この問題の場合、含水率25％のスギ丸太1m³の重量はおよそ0.44トンであり、これに、含水率25％の時の重量あたりの発熱量（低位）3,820kWh/トンをかければ、薪のエネルギー量は1,680kWhと計算されます。一方、灯油の発熱量は9.6kWh/リットルですので、この値で割ると175リットルに相当することがわかります。

1m³のスギ材を燃料にして発電すると、一般家庭の電力を何日まかなうことができるでしょうか。薪のエネルギー量は1,680kWhなので、発電効率が22％（5千kW規模）だとすると、370kWhの電力が供給できます。電気事業連合会HPによれば、「一世帯あたり電力消費量は（中略）1カ月あたり300kWhに近い」ので、約37日分となります。つまり、年間10m³で1世帯分ということですが、全国5千万世帯をまかなうには5億m³以上の丸太が必要となり、日本の1年間の森林の成長量の4倍以上となってしまいます。

木質バイオマス発電所（福島県）

13 薪や炭と森林

(正答率39%)

主に燃料（薪や炭）を採取するための森林に関する説明について、妥当なものは次のうちどれでしょうか？
① 伐採後は同じ樹種が繰り返し植林されてきた
② 伐採後は人々が種を撒いて森林を回復させてきた
③ 伐採後は切り株などから芽が出て、森林が回復してきた
④ 木は太いほど、薪や炭にするのに適している

かつて日本人は、生活で必要な燃料のほとんどを薪や炭や柴（小枝）、すなわち森林からの収穫物で賄ってきました。農業の肥料用に落ち葉を集めて使うことなどを含めて、人里近くの森は人間の強い利用圧にさらされてきたため、原生林はほとんど残っていません。

薪や炭を採るための森林は、薪炭林（しんたんりん）と呼ばれます。薪炭林は人々によって伐採収穫されると、主に、切り株などから出た芽（萌芽、ぼうが）が育って森林が更新していました（写真）。このような森は、人間の伐採収穫に強い、萌芽力が旺盛な樹種の広葉樹（地域などによりますが、クヌギやコナラなどが代表的）が中心です。萌芽林はタネから育つより成長が早く、また、あまり太い丸太は人力での伐採運搬や加工が大変なこともあり、例えば20年など比較的短い周期で伐採収穫されていました。育林にも人工林ほど人手を必要としない、持続可能な林業の形だったとも言えます。

主に1960年代に石油・ガス等が家庭に一気に普及した「燃料革命」により、薪炭林の利用価値は大きく低下しました。薪炭林からの丸太はきのこを育てる原木としても活用されましたが、近年は利用されず放置されている場合が多いです。木が大きく育って立派な森林資源となっている「旧」薪炭林の活用法が今後の課題となっています。

萌芽の様子

14 欧州の木質バイオマスエネルギー利用

(正答率27％)

EU諸国では、木質バイオマスの近代的なエネルギー利用が進んでいますが、そのうち熱利用の割合は次のうちどれが最も近いでしょうか？ 熱電併給（CHP）も含めることとします。

①約10％　　②約30％　　③約50％　　④約80％

　木質バイオマス（樹木から得られる生物資源）のエネルギー利用は、(1)蒸気や温水を作る熱利用、(2)電気を作る発電利用、(3)バイオディーゼル等の液体燃料にして使う燃料利用の大きく3つあります。このうち、熱利用は古くから行われています。日本でも「かまど」などで薪が使われていましたが、火加減が難しく、熱効率が低く、すす等が多量に発生して健康にもよくありませんでした。また、未乾燥の生木は燃えにくいので、薪にして含水率が25％程度になるように1年程度乾燥させてから利用していました。

　先進的な熱利用が欧州で普及し始めたのは1980年代です。高騰した石油の代わりに林地残材を活用するために、水分の高い生チップでも全自動で燃やすことができるチップボイラーが開発されました（図）。そうしたボイラーは、木材の持つエネルギーの85％以上を熱に変換できるため、価格の上昇した石油やガスを使うよりも経済的となり、地域熱供給施設等を中心に広く普及しています。その結果、木質バイオマスの熱利用の割合が80％程度を占めるようになりました。

　EU諸国では、再生エネルギーの固定価格買取制度がいち早く導入され、木質バイオマス電力が高い値段で買い取られるようになり、発電施設も増加しています。ただし、発電のみでは木材の持つエネルギーの20％程度しか有効利用できないため、そのほとんどが廃熱も活用する熱電併給（CHP）施設となっています。

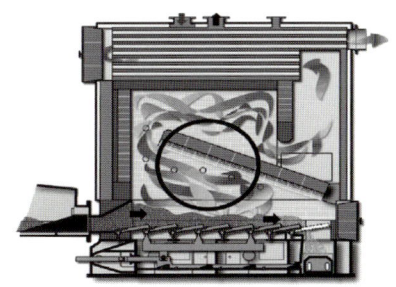

高性能チップボイラー（BINDER社）

15 木質バイオマスの供給拡大

(正答率35%)

森林バイオマスのエネルギー利用を目的とした植林に多く用いられている樹種はどれでしょうか？
①トウヒ（スプルース）　③ヤナギ
②ニセアカシア　　　　　④スギ

森林バイオマスとしてまず利用されるのは、供給コストが安くてすむ主伐や利用間伐の際に収穫される低質材（小径丸太や割れや腐れ等を含む丸太）です。バイオマス需要が増えて、バイオマスの価格が上昇すると、手間のかかる枝や梢端部が利用され始め、さらに価格が上がると、伐り捨て間伐木が使われるようになります。これに加えて北欧では、切り株を掘り起こしてまで使っています。

この段階になると、傾斜の緩い耕作放棄地等に早生樹種を植栽して、短い周期で伐採・収穫を繰り返すエネルギー植林も条件によっては成り立つようになります。その条件とは、植林・育林・収穫コストが安くすむことと大きな収穫量が見込めることです。そのような樹種としては、温帯から熱帯ではユーカリが、冷温帯ではヤナギやポプラの仲間が適しています（写真）。これらの樹種は、伐採した後に根株からの萌芽によって更新できますので、植栽後20年前後の間に4～7回の収穫が行えます。

かつて造林樹種として導入されたニセアカシアやヤマナラシ等は、成長はよいのですが、繁殖力が旺盛で在来生態系に影響を与えるため、植栽樹種として適切とはいえません。また、スプルースやスギ等は、収穫までに数十年かかりますので、収穫物を安価な燃料にしてしまうと経済的に成り立ちません。東南アジア等で広く栽培されているアブラヤシは、実からとれる油から食用油やバイオディーゼルが生産できますが、熱帯林減少につながるためその一部で問題になっています。

早生ヤナギ林の収穫作業

樹木のふしぎを学ぼう

16 光合成に重要な波長

(正答率48%)

光合成には太陽光が重要なエネルギーですが、太陽光は多くの波長で形成されています。その中で光合成に重要な波長は次のうちどれでしょうか？

① 350nm　③ 680nm
② 550nm　④ 900nm

太陽からの光エネルギーが粒子状の粒であると考えたとき、波長とは粒の振動の早さを表します。目で見える光（可視光）の波長域は約380nm～780nmの範囲で、太陽から最も多く注がれる波長です。1nmの波長とは、1mの10億分の1の幅で光が振動していることを意味し、波長の値が小さいほど、振動幅が短い光（短波長）であり、振動幅が長い光より高いエネルギーを持っています。私たちの肌に障害を与える紫外線は、400nmより短い波長になります。

植物の光合成は可視光を利用します。光合成では400nmから500nmの青色光と600～690nmの赤色光の吸収が多くなります。ちょうどその中間の500～600nmの緑色光は比較的利用され難い光で、葉からの反射が強くなり、相対的に緑色に見えるのです（図）。

光の単位エネルギーあたりの光合成効率は短波長ほど悪くなりますが、光の単位粒数あたりの光合成効率は、波長域による差があまりみられません。つまり光合成に役立つのは、光の波長のもつエネルギーと言うより光の粒の数であり、その単位はモル数（μmol/m²/s：1秒間に1m²の平面を通り抜ける光の粒の数）で表されます。

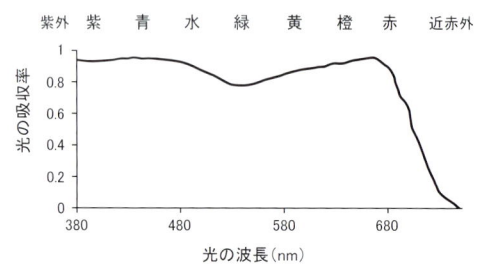

光合成に使われる光の吸収率と波長の関係

17 光合成に適した気象条件

(正答率46％)

森林が最もCO₂を吸収する天気は次のうちどれでしょうか？
① 快晴で風が無い
② 薄曇りで乾燥して風がある
③ 薄曇りで湿度が高く風もある
④ 曇天日で湿度が高く風もある

CO_2（二酸化炭素）は光合成によって植物体に取り込まれます。ここで重要な事が、葉の表面から内部へのCO_2の通り道である、「気孔」の開き方です。気孔が開くと、CO_2が葉の内部を通過し易くなります。一方気孔からは水分が出ていく（蒸散）ので、乾燥を防ぐためにはあまり気孔を開けたくありません。ここで大気の湿度が高いと蒸散が少なくなるため、気孔を容易に開けることができる様になります。また適度な風があると気孔の周りの抵抗（葉面境界層抵抗）が少なくなり、CO_2が葉内に入り易くなります。

次に光環境を考えて見ます。快晴条件では、太陽から直接来るビーム状の光（直達光）が多くなります。ビーム状の光は、森林の上部にある葉で遮られてしまい、樹冠の内部には届きません。晴れた日の直達光の持つエネルギーは強く、光合成をするために必要な最大光量を超える場合が多くなります。また葉の温度を上げてしまい、高温障害を引き起こす可能性があります。

一方、薄曇り日は太陽の光が雲や水滴によって反射され、空の様々な方向から降り注ぐようになります。これを散乱光と言い、樹冠の内部まで散乱光が届くようになります。こういう日は林床を歩いていても、快晴日よりも明るいのです。

森林は樹冠内の上から下まで葉を付けており、それら全体に光が当たった方が森林として多くのCO_2を吸収できるのです。もちろん曇天日は光量全体が低下してしまい、CO_2吸収量は減ってしまいます。1991年にフィリピンのピナツボ火山が噴火した時、北アメリカの森林では薄曇り日が増加し、森林の生産量が増大したと言われています。

18 樹木のCO_2固定量

(正答率40%)

人間1人は、1年間に約370kg程度のCO_2(二酸化炭素)を呼吸で排出します。40年生の広葉樹林は、1ha当たり何人分のCO_2を固定できるでしょうか？

①1人　②10人　③150人　④1,000人

　森林による「CO_2吸収量」は、光合成によるCO_2吸収量の全量に相当し、これを基に幹・枝・葉・根等の有機物が作られます。この内、葉は1年〜4年で落葉し、枝は下の方から枯れ上がり、樹皮は剥げ落ちて地面に貯まります。地面に貯まった葉や枝は、ほとんどが分解されて大気中に戻っていきます。また樹木は生命を維持するために、呼吸によってCO_2を排出します。森林による「CO_2吸収量」は、およそ年間50〜60トン/haと試算されますが、その大部分は呼吸によって排出されます。

「CO_2固定量」は樹体に蓄積した正味の炭素であり、現存している樹木の量(現存量)が基準です。年間のCO_2固定量は、年間の樹木の大きさの変化量から推定することができます。

樹木は隣接個体が近いと小さくなり、遠いと大きくなります。80年生のスギ1本、と言っても植栽本数によって大きさが異なるわけです。しかし葉が森林内に十分に満たされていれば、一定面積内に成育する樹木の現存量は、個体の大きさに影響されません。40年生の広葉樹林は、年間に約3.7トン/haのCO_2を固定します。スギでは8.4トン/ha、ヒノキでは7.3トン/ha程度です。これらの値は平均的なもので、地域や立地条件で変わります。また60年生、80年生と大きくなるに従い、年間のCO_2固定量は減少していきます。

十分に成熟した森林では、「光合成によって吸収されたCO_2量」と、「葉や幹などから呼吸で排出されるCO_2量」＋「落葉や枯死で排出されるCO_2量」がほぼ釣り合い、年間のCO_2固定量は小さくなります。しかし、私たちが木材を住宅等に利用すれば、森林には新しい樹木が成長し、街にも炭素を蓄積することになるのです。

19 呼吸量の大きさ

(正答率59%)

森林生態系で一番呼吸量の大きいのは、次のうちどの生物でしょうか？

① 樹木　② 動物　③ 草　④ 土壌中の生物

生態系の炭素（ここではすべて炭素量で表します）の中で、貯留（蓄積）が最大な場所が海洋、それに次いで大きいのが「土壌」になります。土壌中には1,500ギガトン（1ギガトン：10億トン）の炭素が貯留していると推定され、大気中に蓄積される800ギガトンより遙かに大きい数字です（図）。土壌では様々な微生物が呼吸をしており、根の呼吸と相まって、年間50ギガトンの炭素が大気中に放出されています。植物（葉や幹）の呼吸による年間炭素放出量が50ギガトン程度、一方植物の光合成による炭素吸収量が100ギガトン程度で、バランスを取っている計算です。

熱帯地方などで森林伐採などによって土地利用形態が変化すると、光合成による炭素の吸収が無くなり、露出した土壌が暖められて炭素放出量が増大します。計算すると森林伐採によって年間1.9ギガトン放出されると推定されます。現在大気中には、化石燃料由来を合わせると年間3.8ギガトンの炭素が供給され、地球温暖化に繋がっており、森林の消失は大きな問題と言えそうです。また北方系の土壌は土壌の融解によって、さらにマングローブ林（湿地林）は開発による乾性化によって炭素が放出されやすく、開発には十分な注意が必要です。

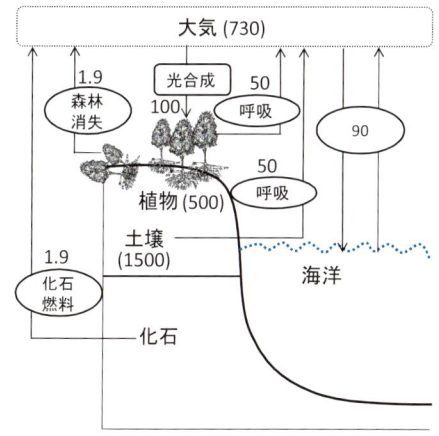

炭素の流れ。（　）内は蓄積。（　）外は移動。
単位ギガトン
（IPCC第四次報告書2007より作成）

20 水を吸い上げるしくみ

(正答率32%)

樹木は浸透圧を用いて水を吸い上げています。その力は、抵抗のほとんど無いチューブに入った水を何メートルまで上昇させることができるでしょうか？

① 5m　② 30m　③ 50m　④ 100m

　図に示すように、快晴日の海水面の大気圧はおよそ1,013hpaで、0.1Mpaに相当し、その力は真空チューブ内の水を10m引き揚げる力に相当します。一方、植物の細胞は塩類を含んでおり、水分を細胞内に取り込む力を持っています。これは水分が薄い溶液から濃い溶液に移動する力と同じ力で、「浸透圧」と言います。

　植物の浸透圧は絶対値で1Mpa以上もあり（大気圧の10倍）、何も抵抗がなければチューブ内の水を100m以上引き揚げることができます。しかし、植物体内には様々な抵抗があります。例えば根と土の間の抵抗、細胞間を通過する時の抵抗等です。従って実際には1Mpaで10m程度、根から葉にかけて水を引き上げられると考えられます。

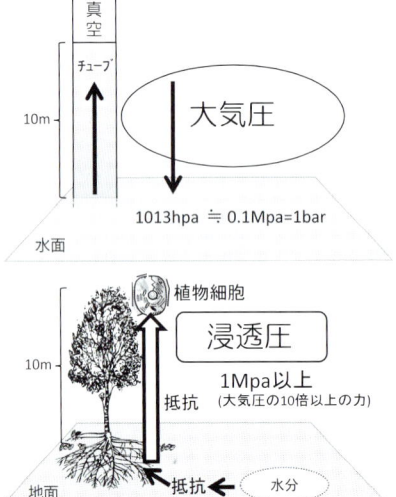

水分を引き上げるしくみ

　砂漠では土壌に水が不足していますから、植物細胞内の浸透圧は絶対値で4Mpaに近い場合も観察されています。世界には樹高が100m以上の樹木もありますが、どうやってそんなに高い所まで水を運び上げるのか？ まだまだ多くの謎が残っています。

21 葉の不思議

(正答率39％)

林冠内の位置によって葉の厚みや付き方が異なります。水平面に対して最も角度が急で、厚い葉が付いている場所は次のうちどこでしょうか？

①樹木の梢端　③樹木の真ん中から下部にかけて
②樹木の真ん中　④樹木の最下部

　森林の樹木は動物の様に動き回って、すみよい場所を探すことができません。そこで樹冠（問題3参照）内の葉の構造を発達させて、環境条件を上手に利用しています。樹冠の最上部には沢山の陽光があたり、樹冠の最下部（林内）は暗くなります。良く発達した森林内は、外の明るさの5〜10％程度になります。

　図のように、林冠最上部の明るい場所では、エネルギーを十分に利用できるよう葉内の柵状組織を2層にしています。柵状組織の中には光合成を行うクロロフィルが多く含まれています。こうした樹冠上部の葉は、上を向いて枝に着いており、樹冠下部の方まで光りを通す事ができます。

　また樹冠上部の葉が上を向くことで、過剰な光を下部に逃がし、自分の日焼けを防いでいます。樹冠下部に向って徐々に暗くなるに従い、葉は大きくなり、また水平方向に着葉するようになります。これは、少ない光を効率的にキャッチするために有効な形状なのです。柵状組織も1層になって、少ない光を有効に利用できる様になっています。私たちが森林の中を歩いた時に見ることができる葉は、樹木の梢端に着いている葉とは大きく異なる形態をしているのです。

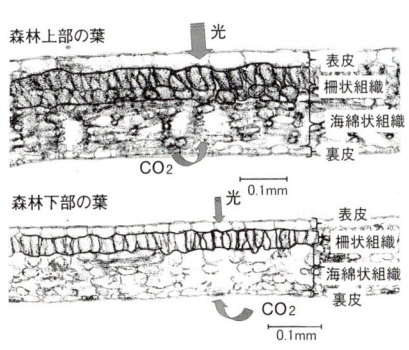

樹木の葉の断面図

22 紅葉のしくみ

(正答率48%)

秋に葉が紅葉する時、赤色を演出する物質は次のうちどれでしょうか？

①タンニン　　　③キサントフィル
②アントシアニン　④クロロフィル

　春に芽吹き、夏の間活発に光合成を続けてきた葉は、秋に日が短くなり気温が下がり始めると、働きを終えて冬支度を始めます。日光のエネルギーを受けとめるクロロフィル（緑色の色素）が分解され、葉から緑色が抜けていきます。そして秋の深まりとともに枝から離れ、枯れ葉となって風に舞い始めます。葉をすっかり落とした木々は、冬の厳しい寒さに耐える力を備えて、春までの眠りにつきます。クロロフィルが分解されると、もともと葉に含まれていて、安定して分解されにくいカロチノイド（黄色い色素）が目立つようになります。これがダケカンバやイチョウなどを黄葉させる原因です。

　葉にはアントシアニン（赤い色素）もごく少量含まれています。ナナカマドやヤマモミジなどでは、秋に気温が下がるとクロロフィルの分解と同時にこのアントシアニンの合成が促進され、赤色が目立つようになります。これが紅葉です。

　アントシアニンの合成が不十分だと、アントシアニンの赤色とカロチノイドの黄色が混ざったオレンジ色になります。またブナやナラでは、カロチノイドに加えてタンニンという物質が多く存在するため、茶色っぽく見えます。クロロフィルの分解は低温で始まります。アントシアニンは光合成の産物である糖分を元にして合成されます。アントシアニンの合成には、低温だけでなく十分な日射しが必要で、またやや乾き気味の天候によって鮮やかな赤色になるといわれています。

　ということは‥‥

　雨が少なく、秋晴れの日が続き、夜から朝にかけてぐっと冷え込む（ただし早霜は除く）ことが、鮮やかで美しい彩りの鍵になります。

23 落葉する針葉樹

(正答率62％)

冬になると葉が落ちる針葉樹は次のうちどれでしょうか？
① アカマツ　　③ ヒノキ
② カラマツ　　④ スギ

アカマツ、カラマツ、ヒノキ、スギはすべて針葉樹と呼ばれる裸子植物です。その中で冬になると葉を落とす樹種が「カラマツ」です。カラマツは北方まで分布するため、冬の期間は葉を落として寒さや乾燥から身を守ります。北海道や長野県、岩手県などでは、秋になるとカラマツの葉が黄葉する様子が楽しめます（写真）。他にイチョウやメタセコイヤも冬に落葉する針葉樹の仲間です。広葉樹でもミズナラやブナといった落葉する樹種は北方に多くなり、落葉する樹種で構成される森林を「落葉樹林」と言います。乾季が訪れると葉を落とす森林もあり、タイなどに熱帯季節林として分布します。一方、シイやタブといった常緑の広葉樹は南方に多くなり「常緑樹林」と呼びます。

スギやヒノキ、アカマツは、1枚の葉を1～3年以上付けている常緑針葉樹です。つまり、古くなった葉と新しい葉が混在しているわけです。同じ常緑樹でも葉の寿命は環境条件によって異なり、より厳しい条件で寿命が延びます。樹冠の中でも、暗い環境（下の方）にある葉の方が、明るい環境（上の方）で出てきた葉より寿命が長いようです。日本の自然環境では、一年に生産される葉の量はおよそ3トン/ha（乾燥）ほどです。従って3年間葉をつけている常緑樹種の葉量は、約9トン/haになります。

北海道のカラマツの黄葉（上村　章氏提供）

24 攪乱と遷移

(正答率69%)

森林は次の世代に移り変わるとき、大きな攪乱が必要です。日本で特徴的な台風による攪乱で妥当なものは次のどれでしょうか?

① 森林の崩壊で、台風以前にあった樹木がそのまま更新を行う事が一般的である
② 樹木が倒れ、そこには新たに明るい場所を好む森林が成立し、かつての森林とモザイク状になる
③ 樹木が倒れるが、速やかに様々な草や樹木が回復することで森林生態系の炭素蓄積量は回復する
④ 倒れた樹木は速やかに分解され、土壌を形成する

森林の中に入ると、様々な樹種や樹高を持った樹木が混成しているのを見かけます。台風によって森林が倒れると、明るい場所を好む草本や樹木が進入して、壊れなかった森林構成樹種とモザイク状の構造を作っているわけです。しかし、横に立っている親木と同じ樹種の子どもを見ることは稀です。これは親木が倒れた事により、環境条件が大きく変わってしまったからです。

森林が移り変わっていくことを「遷移」と言い、長い年月をかけて構成樹種がだんだんと移り変わっていきます。「自然攪乱」は遷移をスタート段階に戻してくれる訳です。また小さな自然攪乱は、遷移を途中まで戻したりします。親木が4～5本倒れるとそこには森林ギャップができ、ギャップの大きさによって、親木の子どもが成長することもできます。

倒れた樹木は微生物によって分解されていきます。分解は数年から数十年続き、そのほとんどは大気中にCO_2の形で放出されることになります。一方、土壌を形成するのに使われる倒木量はわずかであり、従って土壌は非常に長い年月をかけて形成されたと言えます。

倒れた樹木はCO_2として放出されてしまうので、森林生態系としてみれば炭素蓄積量は減少したと言えます。しかし、成長旺盛な樹種の侵入により、炭素蓄積速度は上昇すると言えます。東北から北海道に分布するササ類は攪乱後に大型化し、炭素の固定に一役買っています。

25 森林の遷移

(正答率40％)

同じ広葉樹でも葉の厚みが樹種によって異なっています。北方の森林を構成する樹種で、森林に空間の空いた時に最初に侵入する樹種で、最も厚い葉を持つ広葉樹の種類はどれでしょうか？

① ドロノキ　② ヤチダモ　③ イタヤカエデ　④ ハルニレ

　森林は長い年月をかけて遷移します。森林の遷移とは、森林を構成する主要樹種がだんだんと変化してくることを意味します。たとえば、火山の噴火、大規模な土砂崩れ、台風の来襲、火災によって破壊された森林は、最初に草本植物（草）が進入し、徐々に森林に変化してゆくと言った具合です。樹木が無くなった森林は、まず強い太陽光に地面がさらされます。強光利用型の広葉樹はドロノキやカンバ類で、開いている空間に向けて枝を伸ばし続けます。これらの樹種は森林に空間が空いたときに、最初に進入してくる遷移初期樹種と呼ばれます。強い光を利用するために、葉を厚くして効率よく太陽光を利用しています。こうした樹種は光を求めて上方向に成長するため、すぐに大きくなりますが、寿命は長くありません。

　ブナ・カエデ・シナノキなどは、森林が成熟してからだんだんと進入してくる樹種で、遷移後期樹種と呼ばれます。すでに形成された森林の下層（暗い場所）からだんだんと成長してくるので、弱光を上手に利用することができ、年間の枝の伸張期間は短くなります。こうした樹種は寿命が長くなり、それらの子どもも親木の暗い環境で成育することができます。従って、大きな森林群落を長期間安定的に構成するようになります。その中間にあるのがハリギリやヤチダモ等で、小さいときは弱光を、大きくなると強光利用型に変化します。こうした光を巡る戦いは、長期間の森林生態系の変化を支配する重要な要素です。

　スギの人工林で成長があまり良くない場所を、広葉樹林などの天然林に転換させる考え方があります。しかし、一度人工林化すると親木が近くにないために、自然の遷移が起こりにくくなります。こうした場所では、人為的に苗木を植えるなどの人間による遷移の手助けが必要になってくるでしょう。

26 壮齢林の役割

(正答率25%)

良く発達した壮齢林は、地球温暖化の防止にどのように貢献しているでしょうか？
①二酸化炭素の吸収速度が速い　③現存量が多い
②肥大成長が速い　　　　　　　④伸長成長が速い

森林は若い頃どんどんと成長しますが、いずれは成長がほとんど見られなくなります。成長が見られなくなるとは、生きて太っていく木の量と、死んで腐っていく木の量が釣り合っていると言う意味です。「極相林」あるいは「原生林」はその状態といえるでしょう（写真）。しかし、台風による災害や人による伐採の多い日本では、山奥に行っても、こういった林をほとんど見ることはできないでしょう。最近の研究では、こうした原生林でも土壌中へ少しずつ炭素が蓄積されていることが分かってきました。

さて、地球温暖化の防止に貢献する森林といえば、「炭素蓄積速度が速い、どんどん成長する森林」が思い浮かぶでしょうか。しかし、炭素の量は地球上で限られており、「大気－陸地」間の炭素量の保持量のバランスを変化させて、大気中の炭素量を少なくできる森林、つまり成熟して炭素を沢山蓄えることができる森林（現存量の大きい森林）と言えます。成長量の速い早生樹は寿命が短いことが多く、枯死すると炭素の排出源になるわけです。しかし、里山林等は古くから燃料などに利用されており、早生樹も含め、カーボンニュートラルなエネルギー源として注目されています。

洞爺丸台風前の大雪山系の写真。当時は1500 m^3/ha を超える林が沢山ありました。

森林を育てる作業を学ぼう

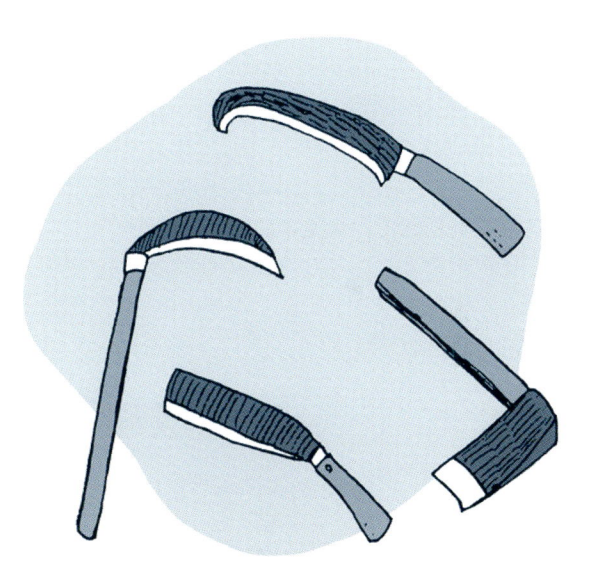

27 タネから育てた苗木

(正答率52%)

タネから育てた苗木のことを何というでしょうか？
① 実生（みしょう）苗
② 挿し木（さしき）苗
③ 取り木（とりき）苗
④ 播種（はしゅ）苗

人間は歴史上、利用価値の高い木を得るため、天然林から欲しい木を伐り出してくる採取林業を長く行ってきましたが、現在の先進国では、苗木を植えるなどして人間に好都合な樹種を育てて収穫する林業が一般的です。

日本の林業では、タネから育てた実生苗がもっとも一般的な苗で、木の背丈を低く維持した採種園などからタネをとります（写真）。良い成長や形質を示すとして選ばれている個体（精英樹）のクローンや子孫、あるいはさらに品種改良した個体などに由来するタネを使って有望な実生苗を効率よく生産します。スギであれば普通、2～3年程度で苗畑から植え付け用に利用（山出し）します。一方、九州のスギ林業などでは、枝を切って採り、枝を土に挿して発根させて苗木とする挿し木苗も使われてきました。挿し木苗は優秀な個体のクローンを育てる方法なので、成長や形質の良い林となることが期待できますが、特定の病気などによって一斉に大きな被害を被るリスクもあります。

なお、取り木は、枝の途中で樹皮を剥ぎ、そこを地面に潜らせたり湿ったミズゴケを巻いたりして発根させたのちに切り取って苗木とする技術です。

採種園の例。樹高を抑えてあり、タネを採る作業が容易

28 地ごしらえ

(正答率48％)

山に苗木を植える前に行う「地ごしらえ」とは、どのような作業でしょうか？
① 苗木が良く育つよう、肥料をまく
② 土が不足しているので、外から土を運び入れる
③ まっすぐな木を育てるため、斜面を平らに整地する
④ 植え付けをしやすいよう、枝などを片づける

森林を伐採・収穫する際には、しばしば利用価値が低いためその場に残された幹の末端や枝葉などが、地面に大量に散らばった状態になります（写真：左）。その後、そこに植林を行う際、植え付けの前にこれらの枝葉などを筋状に並べるなどして整理する「地ごしらえ（地拵）」を行うことで、苗木を運び入れ、穴を掘って植え付ける作業がしやすくなります。地ごしらえの作業はこれまで人力で行われてきて、しばしば植え付けより手間も費用もかかる大変な作業でした（写真：右）。ただ、近年では、伐採した木の枝葉などをその場で取り除かず、丸ごと搬出した後に高性能林業機械で高速処理することも増え、その場合は、林地に残される枝葉などが少なくなり、地ごしらえの手間がだいぶ少なくて済みます。その場で枝葉などを落とす場合でも、収穫作業の際に使う重機で枝葉などを整理してしまえば、手間を大きく減らすことができます。

なお、日本では植栽木の成長を促進するために、林地への施肥もかつて試みられましたが、現在はほとんど行われていません。

伐採後の林地にある大量の枝葉　　　　　地ごしらえ作業

29 植え付けと下刈り

(正答率69%)

苗木を植栽後、数年間行う下刈りとは、どのような作業でしょうか?
① 成長の悪い苗木を刈り払う
② 苗木の余分な枝を刈り払う
③ 苗木の生育を妨げる雑草木を刈り払う
④ 苗木の根元に生えたきのこを刈り払う

地ごしらえの後に行う植栽(植え付け)も、日本では機械化が進んでおらず、背負って運びこんだ苗木を植えていきます。通常、くわで穴を掘り、苗木を入れ、埋め戻して踏み固めるといった丁寧な作業を一本一本行います。植え付けの時の苗木の高さは、50cm前後ですが、植え付けた当初はあまり成長せず、順調に成長を開始しても一年で伸びるのはふつう数十cm程度です。一方、日本では雑草木の繁茂が盛んです。雑草木には地域や立地によってさまざまな種類の植物が含まれますが、広く知られているものとしてはススキが挙げられます。それらが人の背丈を超えるような高さにまで急速に成長して、植栽木の成長を妨げます。そこで、人工林を健全に育てるために不可欠な作業と見なされてきたのが下刈りです。

「下刈り」は苗木と競合する雑草木を刈払機や鎌で刈り払う作業で、普通は植え付け後の数年間、毎年梅雨から夏の時期に1回実施します(写真)。かつては年に2回実施することもよくありました。下刈りは、炎天下で刈払機などを用いて行う重労働で、誤って苗木も刈ってしまったりハチに刺されたりと苦労の多い仕事です。近年では、低コスト化や負担軽減のため、下刈りをなるべく省く技術が検討されています。なお、諸外国では除草剤を活用することもあります。

雑草木に埋もれての下刈り作業

30 積雪地での林業作業

(正答率34%)

積雪地での林業作業に関する次の記述のうち、最も妥当なものは次のうちどれでしょうか？
① 雪で倒れた植栽木を一本一本起こす作業が必要な場合がある
② 積雪地の植栽木は梢端近くの幹が曲がる「先曲り」を起こす
③ 植林後の数年間は林内の除雪作業が欠かせない
④ スギは特に積雪に弱いため多雪地ではまず育たない

積雪地では、植栽した幼齢木が雪圧によって倒れます。雪解け後に倒れた幼齢木は頂芽が伸びて成長しますが、また次の積雪で倒れます。こうした繰り返しにより、根元近くが曲がった根曲がり木となってしまい、豪雪地帯では根曲がりより上部の通直な幹しか木材として使えません。また、最悪の場合には雪圧により植栽木が根づかない場合もあります。

積雪地では、このような根曲がりを軽減するために「雪起こし」を行います（図）。雪起こしは、雪圧によって倒伏した幼齢木を起こし、縄などで固定して、木を通直に育てる作業です。雪解け後直ちに作業しないと幹の肥大成長が生じて、もとに戻らなくなったり、幹に傷がついたりします。ただし、次の降雪期まで固定したまま放置しておくと積雪で折れたり、奇形を呈したりするので、秋には縄を外さなければなりません。倒伏と同時に山側の根が浮き上がることが多いので、根を土の中に戻して、その上に土をかけ、両足でよく踏み固めます。

ヒノキは積雪に弱くて多雪地帯では育ちません。スギは多雪地帯でもよく育ちますが、最大積雪深が1m以上になると雪起こしが必要になります。雪起こしは大変な作業であり、最大積雪深が1.5m以上の場所では、人工林の造成に際しては雪起こしの作業に対応できるかどうかよく検討する必要があります。

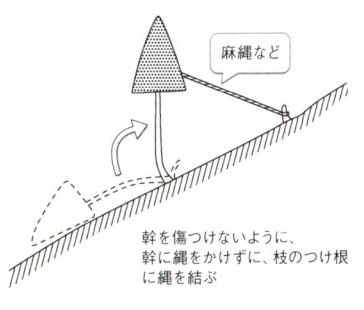

雪起こしの方法（麻縄など／幹を傷つけないように、幹に縄をかけずに、枝のつけ根に縄を結ぶ）

31 まだある保育作業

(正答率83%)

次の作業のうち、人工林を育てる保育作業に分類されるものはどれでしょうか？

① 間伐　② 植え付け　③ 皆伐　④ 水やり

　下刈り、除伐、枝打ちといった保育作業に続く作業が間伐です。人工林では、まっすぐで質の良い十分な数の木を育てるため、始めに多めの本数（様々な例がありますが、たとえば1ha当たり3,000本など）を植え付け、ある程度高い密度を維持することで急すぎる成長や枝張りを抑えながら、植栽木の成長に合わせて間引きを実施していきます。この間引くための伐採が間伐です（写真）。多めの植栽と間伐を実施することによって形質の良い植栽木だけを残すことができるほか、間伐で隙間を作ることで残った植栽木の成長を促すとともに、林内に光を当てることで、生物多様性や土壌保全のために下層植生を繁茂させることも期待できます。

　最終的に全ての木を伐採収穫する皆伐を実施する時期は、地域などの諸条件により異なります。スギは、多くの地域で一般的には40～80年生で主伐されています。ただ、十分な収益が見込めなければ、いつまでも収穫されないままです。間伐した木も採算が合えば搬出し利用できますが、残す木の合間を縫って運び出さねばならないため高コストになりやすい上、間伐材は木材としての価値も低い場合も多いため、しばしば採算が合わずに伐り捨てたままとなっています。このため、間伐材の搬出には補助金も多く投入されるようになっています。

手入れ不足の人工林　　　　　間伐後の人工林

32 節の少ない木材を得るには？

(正答率88％)

節の少ない木材を得るために行う保育作業とは次のうちどれでしょうか？

①つる切り　　②除伐　　③枝打ち　　④目立て

　下刈りの時期を過ぎた後には一般的に、植栽木と競合するように育ってきた樹木や状態の悪い植栽木を伐る「除伐」が行われます。このくらいの段階になると植栽木もだいぶ大きくなり、林の中、木の下を歩けるような状態となってきますが、柱や板にする建築用木材として収穫するにはまだまだ木が細いです。

　この後、節がなく高い評価を得られる木材が取れるように枝を切り落とす「枝打ち」などの作業を行っていきます。植栽木は成長するとともに低い位置の枝が枯れ、樹冠（問題3参照）の位置も上がっていきます。しかし、低い位置に枝が残ると、特にヒノキではその枝がいつまでも残るため、木材にした時に節となり、抜けて穴が開く場合もあります。早い段階で枝打ちをしておけば、幹は成長するとともに切断部分と癒合し、そこを樹体内に取り込んでくれます。

　枝打ちは一気に行うわけではなく、複数回に分けて順に高い部分まで行っていきます。はじめは地上で作業できますが、高い所へはハシゴや木登り器、ブリ縄といった道具を使って登る必要があり、手間がかかります（写真）。高級材の生産を目指す林業経営では地上10ｍなど高い位置の枝まで落としたりしますが、普通はそこまでは行わず、たとえば価値の高い「元玉」（地上4ｍ程度までの、一本目の丸太とする部分。一番玉ともいう）が無節となるようにします。とはいえ、これらの保育作業を十分に行えていない人工林も多いです。

　無節材の柱や内装材といった伝統的な高級材を住宅用に使用する人が減り、需要の低迷や価格の低下がみられます。一方で、集成材のラミナとして用いる場合でも節の少ない材の方が生産効率がよいという側面もあります。

枝打ちの様子

33 使える部分、使えない部分

(正答率43%)

太さや樹高が同じ針葉樹でも、木材として使える材積の割合は大きく異なります。この割合のことを何と呼ぶでしょうか？

① 材密度　② 木分け　③ 丸太率　④ 歩留まり

木（幹）を利用する際、腐れや変色・変形などのある部分を利用せず捨てることが多々あります。また、そういった欠点がなくても、幹は樹種によっては曲がっていたり、根元が太く先が細いものですから、そこから直方体や円柱の形に木材を切り出すと余ってしまう部分が必ず出ます。木の体積（材積）の多くの割合を活用できる状態を「利用率が高い」「歩留まりが良い」と表現します。この歩留まりの良さは、幹の形に大きく依存します。

多くの広葉樹のように、幹が斜めに育ったり容易に枝分かれするような場合は、歩留まりが悪くなります。また、スギなどのように比較的まっすぐ育つ樹種でも、根元が太いのに上に行くにつれ急速に細くなる木は、歩留まりが小さくなります。このような状態を「うらごけ（梢殺）」と呼びます（図）。一方、根元と上の方の太さがあまり変わらず円柱に近い形をしていれば歩留まりは良く、このような状態を「完満」と呼びます。林業経営上は良い木材をたくさん取れたほうがよいわけですから、木の量（材積）だけでなく、歩留まりの良さも重要です。

なお、木材加工やバイオ燃料製造などの技術革新や木材価格の上昇が起き、それまで低価値な用途しかなく捨てられていた部分でも採算が取れるようになり、捨てずに活用されることになります。これは資源の有効利用にもつながると考えられます。

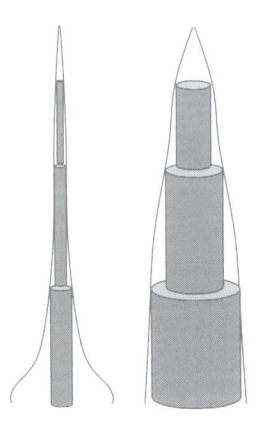

うらごけ（左）と完満（右）
下が地面、上が梢を表す

34 樹木の大きさを測る

(正答率71％)

立木の大きさの指標に用いられる樹木の直径を測る部位として一般的なものは次のうちどれでしょうか？

①地面間際　②地上50cm　③地上1.2〜1.3m　④地上2m

　木の根元は、巨大な体を支えるために非常に膨らむこともあり、木の全体の大きさを表す指標としてやや不適当です。根元の形に関わらず幹の形がだいたい落ち着いてくるうえ、測りやすい高さとして、胸高(きょうこう)（日本では地上1.2ｍか1.3ｍのどちらかが採用されています）の直径が立木の大きさを表す最も重要な指標となっています。輪尺(りんじゃく)という挟むタイプの物差し、あるいは巻尺によって測定します（写真）。

　もう一つの代表的な指標として樹高があります。一斉に植えられた針葉樹人工林で隣接している木々の間では、太さ（胸高直径）には個体差がつきやすいですが、成長の劣っている木（劣等木）を除けば、樹高の個体差は比較的小さいです。このため、平均樹高の値は、その林地の肥沃度（地位）を示す指標として利用されています。しかし、いちいち木に登るのは大変ですし、樹高の計測は簡単ではありません。レーザーや超音波による距離計測を基にした計測機器はありますが、山の中では梢を見定めることすら困難な場合も多く、測定誤差が大きくなりがちです。

　胸高直径や樹高の値を基にして、一本一本の木や林全体の体積（材積）が推定できるようになっており、それを用いて森林の価値や炭素量なども推定します。

輪尺を用いた直径計測

35 スギ林の価格

(正答率37%)

育ちやすさが中程度の土地に、植えられてから50年経過したスギの林1haの立木をすべて買うといくらになるでしょうか？

① およそ10万円　　③ およそ1,000万円
② およそ100万円　　④ およそ1億円

スギ・ヒノキなどの植林樹種に対して、植栽してからどのくらい樹木が成長するのかを、地域・地位（育ちやすさ）別に5年ごとの標準的な大きさや材積を推計した「収穫表」が作成されています。

例えば、「北関東、阿武隈地方すぎ林」によれば、地位2等（中程度）、樹齢50年のスギ人工林では、立木は724本/ha程度あり、その幹材積は合計で約520m^3/haとされています。そうした人工林を皆伐する場合、幹材積の80％前後を販売できますので、416m^3の丸太が生産されることになります。日本不動産研究所によれば、2,465円/m^3がスギの立木価格の全国平均値（2013年）なので、このような1haのスギ林の立木は約103万円で買えると推計できます。

立木価格は、「市場価逆算的」に計算されます。たとえば、製材工場着で丸太が12,000円/m^3の場合、立木を伐採・搬出するのに6,000円/m^3程度、その丸太を運搬するのに2,000円/m^3程度かかると仮定すると、森林所有者の収入（立木価格）は4,000円/m^3となります。しかし、こうした製材用の丸太ばかりが生産できるわけではないので、平均すると立木価格はもっと低くなってしまうのです。この立木価格を引き上げるためには、丸太の値段を上げるか、伐採・搬出や運搬コストを引き下げる必要があります。

右図のように30年前の立木価格は、丸太の価格が高かったので、現在の5倍以上もありました。

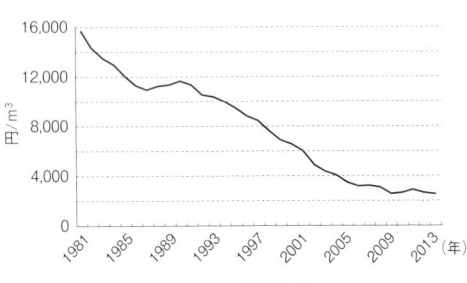

スギ立木価格
資料：日本不動産研究所「山林素地及び山元立木価格調」(2013)

36 森林を育てるためのコスト

(正答率44％)

日本林業の主要樹種であるスギを植えて50年後に収穫するまで育てるとして、1haあたりに要する費用として一般的なものは次のうちどれでしょうか？

①10万円　②30万円　③75万円　④200万円

一般に、日本の針葉樹人工林を育てるには、かなりの手間とコストがかかります。状況や方法によって実態は様々ですが、『平成24年度版森林・林業白書』に記載されている平均値で見ると、1ha当たり、植林から最初の10年で156万円、次の10年で34万円、50年生までで合計231万円かかっています。この育林コストの大部分が人件費です。特にシカが高密度で生息する地域では、さらに食害対策費が加わります。このように日本の育林コストは他国と比べて非常に高く、日本林業の不振の大きな要因となっています。伐採収穫の収益では再造林コストを賄えない場合が多々あり、皆伐をしたまま放置される林地が多く見られる地域もあります。それではいけないということで、森林環境の健全性を高めるために、植林から間伐までの作業には補助金が支給されてきました。ただし、補助金受給のための手間も馬鹿にならず、また、補助金の要件に従うあまり、創意工夫や技術革新が足りなかったとも言われています。

近年、この育林コストを低下させるための様々な取組が行われています。例えば、苗畑で育てる通常の実生苗（問題27）に代わって、野菜や花の栽培でも使われるような容器を使った「コンテナ苗」「ポット苗」の技術開発が注目されています。これによって効率的な植栽の実現や、初期成長が早いことによる下刈り回数の削減など育林コストの大幅な削減が期待されています（写真）。

コンテナを使った苗木作り

37 天然更新と択伐施業

(正答率76%)

北海道の天然林では、エゾマツやトドマツの稚樹が一列に並んで生えている様子を見かけることがあります。稚樹が生えている場所として妥当なものは、次のうちどれでしょうか？

①ササの下　②倒木の上　③地面の凹み　④動物の死骸

　自然に落ちた種子や木の根株からの発芽・成長によって、樹木の世代交代が行われることを「天然更新」といいます。北海道の天然林では、朽ちた倒木の上にエゾマツやトドマツの稚樹が並んで生えている様子をよく見かけます。このような天然更新のしかたを「倒木更新」と呼んでいます（写真）。倒木の上はササなど下層植生に覆われにくく、地表に比べて光条件が良好です。倒木の表面に生えたコケが水分を保持し、種子や稚樹を乾燥から守ります。倒木上は凍害や菌害の影響も受けにくく、北海道ではとくにエゾマツの天然更新適地として知られています。

　天然林において抜き伐りを行う際、腐朽などにより材質の劣化した木や、着葉量が少ない衰弱した木、もうすぐ枯れそうな木などを優先的に収穫して林外に持ち出すと、将来的に林内に供給される枯死木（倒木や立枯木）の量が減ってしまうため、更新適地を倒木に依存する樹種が更新不良となる恐れがあります。

　枯死木は森林内の様々な生物に生息場所や餌資源を提供し、炭素や養分を長期間蓄えるなど、生態系の重要な構成要素です。生態系に配慮した収穫を行っていくためにも、枯死木をいかに確保するかが重要といえます。科学的な知見に基づき、枯死木を保全するための基準・指標づくりが求められます。

倒木上に更新した針葉樹の稚樹

38 野生動物と森林・林業

(正答率80%)

日本の林業に最も被害を与えている動物は次のうちどれでしょうか？

①イノシシ　②シカ　③サル　④ムササビ

狩猟者（ハンター）の大幅な減少や高齢化、農山村の衰退などに伴って大きく増加した日本の野生哺乳類は、農林業へ大きな被害を及ぼしています。農業被害という点では、シカ（ニホンジカ。エゾシカなどを亜種として含む）とイノシシによるものが特に大きいです。一方の林業では、たとえば、かつて北海道においてノネズミによる植林木への食害が大問題でしたが、現在最も広い範囲で深刻なのはシカによる被害です。シカは苗木や若木の芽や葉を食べてしまうため、枯死するか、形の悪い木となり木材としての価値がほとんどなくなります。そのほか、主に積雪地で冬季に樹皮を食べて枯死させたり、角こすりにより幹や若木を傷つけたりします。そのため、植林地をネットで囲ったり苗木を一本一本覆うなどの対策をとりますが、非常に高コストな割には植林木の保護に失敗することも多いなど、大変です（写真）。

かつては、高い狩猟圧などによって、シカを含む多くの動物に絶滅の懸念があり、鳥獣保護法などで守られてきました。それが現在では逆に、2010年には約36万頭のシカが捕獲されたものの、シカの生息数は多くの地域で増加し続けており、シカの食害は植林地以外の森林や湿原等の自然植生にも大きなダメージを与えています。乱獲にならないよう専門家による科学的な頭数管理の下で、効果的な駆除を実施する必要が高まってきています。

ニホンジカとネット

先端をかじられたスギ苗木

39 森林を見おろす

(正答率91%)

広大な面積の森林の状況を知るために、最も使われている方法は次のうちどれでしょうか？

①木のてっぺんから写真を撮る　③気球から写真を撮る
②山頂から写真を撮る　　　　　④人工衛星から写真を撮る

上空からの写真情報は非常に有用で、広域の土地利用変化（農地開墾、違法伐採、山火事など）を解析することも可能ですし、大規模な災害に際しては、状況を早期に把握して緊急支援や復旧に役立てることもできます。

Googleマップなどでも見ることができますが、人工衛星から撮影した写真（衛星写真）を使えば、とくに広大な面積の分析が可能です。たとえば、国連食糧農業機関（FAO）が世界の森林の状態を定期的に評価する「世界森林資源評価（FRA）」においても、特に発展途上国の情報に関しては衛星からのデータが頼りにされています。なかには、地上の数十cm程度のものを判別できる解像度を備えたデータもあります。

一方、飛行機から撮影した写真（空中写真）は、一本一本の木の樹冠が判別できるくらいのより詳細な情報を、かなり広域にわたって得ることができます。たとえば、少し場所をずらして撮影した2枚の空中写真を「立体視」する技術を活用すれば、そこに生えている木の樹高など垂直方向の情報でさえ、ある程度得ることができます（図）。空中写真データは日本中をカバーするように継続的に撮影されていて、購入も容易です。

このような人工衛星や航空機からは、いわゆる写真だけでなく、赤外線等の可視光線以外のデータも収集されており、目に見える以上のことを見通すことができます。

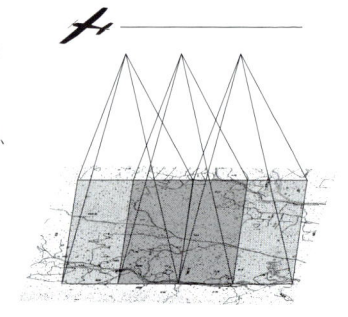

連続的に撮影される空中写真

40 広大な森林を把握する技術

(正答率50％)

森林の管理のために有用な、様々な土地情報の分析・表示ができるシステムを何というでしょうか？
① GPS　　③ リモートセンシング
② GIS　　④ フォレストマッピング

　地図や図面は土地管理の基本となるデータですが、それをただ眺めるよりも有効に活用できるシステムがあります。GIS（geographic information system、地理情報システム）は、たとえば土地所有界や地形図など紙の地図で管理されていた情報や、特定の場所に関わる情報（たとえば建物の経歴など）をコンピュータ上で統合的に管理・活用するシステムです（図）。たとえば地形・地質・土地所有境界などの複数の図面を重ね合わせて処理するなどして、特定の条件に合う場所の抽出や傾向の分析、拡大縮小や体裁を整えての表示印刷など、様々な作業を自在に行うことができます。GISを使うにはGIS専用ソフトが必要ですが、最近ではオープンソースの無料ソフトも充実してきました。地形図や道路図などは、国土地理院などから提供されている基礎データも利用できます。基礎知識と慣れは必要ですが、森林のように広大な空間を対象とする分野において、GISは可能性を大きく広げてくれるツールです。

　なお、GPSは人工衛星からの信号により現在位置を特定できる全地球測位システム（global positioning systemの略）、リモートセンシングは遠隔地からの測定（衛星写真や空中写真など）の総称です。GPSで取得した位置や移動経路のデータ、あるいはリモートセンシングで得られた写真データも、GISによってその真価を発揮できると言えるでしょう。

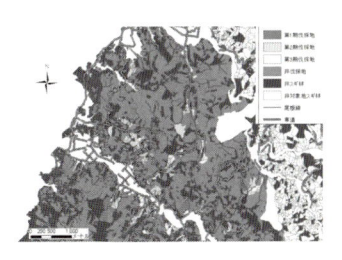

ＧＩＳでの解析画面の例

41 適地適木

(正答率57%)

谷筋のスギと尾根筋のスギを見たときに、谷筋の方が大きく見えます。この理由として妥当な説明はどれでしょうか？

① 山の中腹から見ているので、下方向の樹木が大きく見えるため
② 谷筋のスギは、たいていの場合年齢が高いため
③ スギにとって水分が成長に大切であるため
④ スギにとって、谷筋の日陰が成長に大切であるため

日本の重要な林業樹種であるスギは、湿潤で肥沃な環境条件を好みます。問題20でも述べたように、水を樹体の上部に持ち上げるには、大きなエネルギーを必要とします。従って、谷筋の水の利用が楽な場所でスギの樹高が高くなります。ちなみに、日本で最大の樹高を示す樹種もスギになります。一方、ヒノキはスギよりはやや乾燥した場所に適すため、斜面の上部や尾根筋が向いています。カラマツは気温が低い場所を好むために、北海道や長野県、岩手県などで主要造林樹種となります。このように樹種によって適切な水分条件、日照時間、気温条件、土壌の組成や状態といった環境条件が異なってきます。

「成長が良い木は？」とか「二酸化炭素をより多く吸う樹種は？」といった質問は、どういった環境条件なのかで答えが異なり、その環境で最大の成長を示す樹種が、その答えになるでしょう。それぞれの土地に適した樹種を植え育てることを「適地適木」と言い、自然に近い状態と考えられ、林業にとっても重要な要件と言えます。

日本は南北に長く複雑な地形が多いため、それぞれの条件に適応した多くの森林タイプが存在していました。たとえば、北日本の日本海側の積雪の多い場所にブナ林が多くありましたが、1950～60年頃に行われた拡大造林で、ブナの適地にスギを植林したため、不成績造林地と呼ばれるあまり成長の良くないスギ林が多くできてしまいました。一度壊してしまった森林を立て直すことにはお金も労力もかかります。私たちが森林を使い育てていくためには、環境に適した樹種を選択する必要があり、よりきめ細やかでていねいな森林管理が必要なのです。

木材の収穫を学ぼう

42 いろいろな形の伐採収穫

(正答率68%)

収穫のため全ての木を伐採し利用する「皆伐」に対して、一部の木だけを断続的に伐採収穫していく方法の呼び名として妥当なものは次のうちどれでしょうか?

　①択伐　　②木拾い　　③ピッキング　　④部分伐

皆伐ではない非皆伐の伐採収穫の代表的なものが「択伐(たくばつ)」です。択伐とは、一部の木だけを伐採収穫しつつ、そこで森林の更新(後継木の確保)も図る作業です(写真)。様々な樹種・大きさの木が生えている天然林で行われるのが普通ですが、人工林で行われる例もあります。皆伐と違って成熟した森林をずっと維持することができるという意味で理想的な方法ですが、うまく行うには様々な困難を克服する必要があります。

まず、これは間伐材の利用と同じことですが、伐採木は残存木の間に点在しているため、伐採搬出が皆伐ほど容易でなく、高コストとなるため、林業機械が自由に走れるような平らな林地か林道が高密度に作ってあるところでないと、まず実施できません。また、伐採後は、タネや萌芽など人手によらない形で後継木が育っていく天然更新(問題37参照)が理想です。しかし、利用価値の高い樹種が狙い通りに育ってくれない、稚樹に十分な光が届かないなどの様々な困難があります。天然更新を促す作業(地面を掻き起こすなど)や苗木植え付けが必要な場合も多いですが、やはりうまく実施するには高度な技術を要します。

このため、たとえば20ｍ四方程度の小面積でパッチ状に伐採収穫するなど、実現性を高めることを念頭に置いた様々な非皆伐の方法が存在します。

択伐林の例(東京大学北海道演習林)

43 立木の伐倒

(正答率69％)

鋸やチェーンソーで立っている木を伐り倒すとき、幹にどのような切り口を入れるでしょうか？

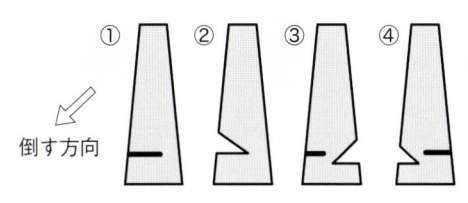

① ② ③ ④

倒す方向

① 水平に切り口を入れる
② 三角形の切り口を入れる
③ 水平に切り口を入れ、反対側から三角形の切り口を入れる
④ 三角形の切り口を入れ、反対側から水平に切り口を入れる

　鋸やチェーンソーで立木を伐倒する際には、作業者の安全を確保しながら作業を進めます。①のように刃を幹に水平に入れて切り進むと、やがて幹の重みで刃が挟まれてしまいます。そうならないように三角形に切り進めますが、②や③の場合は作業者の方向に幹が倒れて非常に危険です。そのため、④のようにまず幹の直径の1/4以上の深さで三角形に切り込みを入れます（「受け口」といいます）。その後、反対側から受け口の2/3の高さに水平に切り進めます（「追い口」といいます）。このとき、刃が挟まれないように追い口にくさびを打ち込むことがあります。立木の重心を徐々に伐倒方向に移動させながら追い口を切り進めますが、完全には切らずに直径の1/10程度の「つる」と呼ばれる切り残しを作ります（写真）。その後、追い口側からくさびを深く打ちこんだり、幹にかけたロープを引っ張ったりしながら、幹に残した「つる」が蝶番（ちょうつがい）の役割を果たすように、伐倒方向を確実にしてゆっくりと倒します。

受け口　つる　追い口

幹の切り口

44 伐倒した木の処理

(正答率60%)

伐倒した木の枝を払い、用途や規格に応じた長さの丸太にする作業を何というでしょうか？
①造材　②木寄せ　③木取り　④素材検知

チェーンソーで伐倒した木はほぼ樹高分の長さがあり、そのままでは林内から持ち出して原木市売市場や製材工場へ運ぶのに邪魔になります。そこで枝や梢端（幹の先端）、根張りの影響でいびつな根元部などの使いにくい部分を利用価値の高い幹の部分から切り離し、さらに幹の部分を用途に応じた長さに切り分ける造材作業を行います。その中で、枝を切り離す作業を「枝払い」、幹を決まった長さに切り分ける作業を「玉切り」といいます。

造材作業は、従来はチェーンソーで行うことが多かった作業ですが、非常に手間の掛かる工程で、近年はプロセッサ、ハーベスタという機械が用いられることが多くなっています（写真）。伐倒されて地面に横たわった木の造材作業は、限られた本数の枝で支えられており、また幹に力がかかっていたりして、作業中に幹が大きく跳ねるなどして労働災害が起こりやすい、大変危険な作業です。プロセッサでの造材作業は、作業者が重機に乗って木から離れて作業できるため、安全性が格段に高くなり、また作業能率もチェーンソーと比べて10倍以上になることがあります。こうした利点から、現在ではプロセッサは国内で普及している高性能林業機械の主力となっています。

なお、「木寄せ」は伐倒した木を道端まで持ち出す作業、「木取り」は製材工程において丸太からどのような板材や角材を取り出すか決める作業、「素材検知」とは丸太の樹種や径級、長さ等を調べて、その数量を確定する作業を指します。

プロセッサによる造材作業

45 集材の方法

(正答率86％)

伐倒した木の枝を払い、幹の部分を玉切りせずに長いままで集積場所に移す作業を何というでしょうか？

①全木集材　②全幹集材　③短木集材　④短幹集材

伐倒した木は通常、道端や土場まで木寄せ、集材する必要があります。この際、林業機械の入りにくい林内で造材作業を行わず、枝葉のついた状態でグラップルやウインチ、スキッダ、スイングヤーダ、タワーヤーダ、集材機などの機械で道端や土場まで集材する方法を、全木集材といいます。

作業効率の高いプロセッサを用いて集中的に造材を行うことができるほか、チェーンソーで造材する場合も、不安定な斜面ではなく土場で安全に作業できることが特徴です。最近は残材の木質バイオマス利用への関心が高まっていることから、枝葉や梢端、木の元部など未利用部分が利用しやすくなる方法としても注目されています。ただし全木集材は、運搬重量が大きくなること、集材のエネルギー効率が下がること、林地からの栄養分の収奪が増大することなどが問題とされ、また残存木に傷を付けやすいため、間伐を行う際には注意が必要です。

これに対して、林内で枝払いのみを行い、幹だけの状態にしてから木寄せを行う方法を「全幹集材」、枝払いだけでなく玉切りまで行ってから木寄せを行う方法を「短幹集材」といいます。両者とも、邪魔な枝葉が取り払われた状態で木寄せが行われますので、立木や株、岩石への引っかかりや地表の撹乱が少なくなります。全幹集材された幹をそのまま製材工場に運ぶことができれば、工場で幹の状態に合わせて、建築用材や製紙用材、燃料用材などに分け、余さず利用することができます。

ブルドーザによる全幹集材

46 丸太の輸送

(正答率24％)

伐倒・集材した丸太をトラックなどに積み込み、林道や公道を通って運搬し、原木市売市場や貯木場などの目的地まで運ぶ作業を何というでしょうか？

①運材　②搬材　③移材　④通材

　集材作業によって土場や道端に集積された丸太を原木市売市場や貯木場、製材工場などに輸送する作業を「運材作業」といいます。かつては、人力で制動をかけながら下り坂を運ぶ木馬や、斜面に木材を並べてその上に丸太を滑らせる修羅（滑路集材）、馬や牛を用いたソリ、河川でのいかだ流しや鉄道によって、丸太は山から製材工場に運ばれていました。現在では、トラックが入れる道端に土場を設置し、そこに集積された丸太をトラックに積み込んで輸送しています（写真）。

　山から出された丸太の多くは従来、原木市売市場に運び込まれていましたが、近年では運材方法も多様化しています。角材や内装材となる高品質な用材（A材）だけでなく、ベニア用材（B材）やチップ用材（C材）など価格の安い低品質材の供給も行われており、山土場で材の品質に応じて仕分けを行ってから、原木市売市場に出荷するものと各製材工場に直送するものとに分ける方法や、中間土場を設けて丸太を再度集積してからトレーラーなどの大型トラックで長距離輸送する方法も一般化してきています。

　また近年では、発電用低質材の供給も必要となってきています。なお、高価な機械を必要としない自伐林家向けのシステムについても見直され始めています。

運材トラックへの丸太の積込作業

47 チェーンソー

(正答率36%)

日本国内で保有されている林業用チェーンソーはおよそ何万台でしょうか？

①10万台　②20万台　③40万台　④80万台

立木の伐倒には、古くは斧（おの）や鋸（のこぎり）が、現在はチェーンソー（chain saw）が使われています。チェーンソーとは、案内板（ガイドバー）に張られた鋸歯（ソーチェーン）を動力によって高速回転させ、対象物を鋸断することのできる手持機械のことです。排気量が30〜50ccの2サイクル1気筒エンジンを備え、重量は4〜7kgのものが一般的となっています。

チェーンソーは刈払機（草や木を刈る機械）とともに、国内で最も多く普及している林業機械です。全国で約20万台（2012年度）が保有されています。近年のチェーンソー保有台数は減少傾向にありますが、地形などの制約から、伐倒作業における利用は今後もしばらく続くものと思われます。

チェーンソーや刈払機を長時間使用して、その振動を身体に受けることにより、神経や循環器、運動機能などに深刻な振動障害を受けることがあり、かつて大きな社会問題になりました。現在はチェーンソー自体に振動吸収の機構が取り入れられ、振動の軽減が図られています。しかし、振動を完全に取り除くことは困難であり、使用時間の制限、防振手袋や保温性の高い衣類の着用、体操の励行などの予防対策が必要です。また、チェーンソーによる作業は足場の悪い山林内が多いので、つねに安全確認を行い、事故防止に努めることが大切です。

林業用のチェーンソー

48 高性能林業機械

(正答率57%)

次のうち高性能林業機械でないものはどれでしょうか？
① フェラーバンチャ
② プロセッサ
③ トラクタ
④ フォワーダ

伐出作業では従来、伐倒と造材にはチェーンソーが、集材にはトラクタや集材機が主に用いられてきました。1980年代の後半以降、欧米の林業先進国で開発された林業用機械を日本の森林作業へ導入する試みが一部で始まり、国産機械の開発と相俟って急速に普及が広まりました。

これらの新しい機械は「高性能林業機械」と呼ばれ、伐出作業における労働生産性の向上、労働強度の軽減などに貢献しています。高性能林業機械の主な機種と機能は下表のとおりです。2012年度には、全国に5,678台の高性能林業機械が保有されています。

高性能林業機械の機種と機能

機　種	機　能
フェラーバンチャ	立木を伐倒し、切った木をそのまま掴んで集材に便利な場所へ集積する自走式機械
スキッダ	丸太の一端を吊り上げて土場まで地引集材する集材専用の自走式機械
プロセッサ	林道や土場などで、全木集材されてきた材の枝払い、測尺玉切りを連続して行い、玉切りした材の集積作業を一貫して行う自走式機械
ハーベスタ	立木の伐倒、枝払い、玉切りの各作業と、玉切りした材の集積作業を一貫して行う自走式機械
フォワーダ	グラップルローダで材を荷台に積んで運ぶ集材専用の自走式機械
タワーヤーダ	簡便に架線集材できる人工支柱を装備した移動可能な集材機
スイングヤーダ	主索を用いない簡易索張方式に対応し、かつ作業中に旋回可能なブームを装備する集材機

出典：林野庁ホームページ

49 集材機械のいろいろ

(正答率80％)

伐倒された木を一定の場所(山土場)まで搬出することを集材作業といい、古くは人力や牛馬、河川によりましたが、現在では機械化が進んでいます。次のうち、林内に架線を張ることができる人工支柱を備えた集材用の高性能林業機械はどれでしょうか？

①スキッダ　　③ヘリコプタ
②ハーベスタ　④タワーヤーダ

日本では明治の中頃から集材作業の機械化が進められ、地形の傾斜が緩やかな地域では車両系機械による集材が行われています。代表的な機械が牽引式で集材する自走式機械のスキッダと、荷台に丸太を積載して集材する自走式機械であるフォワーダです。スキッダは伐倒されて枝葉の付いたままの木をそのまま牽引して運び（全木集材）、枝払いと玉切りを行う機械（プロセッサ）に引き継ぎます。フォワーダには積載機能があるため、例えばハーベスタという機械によって伐倒、枝払い、玉切りされて一定の長さとなった丸太を集材することに適しています（短幹集材）。2012年度の機械保有台数（全国）はスキッダ148台、フォワーダ1,513台です。

一方で、急峻な地形の場合は車両による集材が困難なため、ヘリコプタを用いて搬出する場合もありますが、チェーンソーなどで伐倒された木を架線（ワイヤーケーブル）で運ぶタワーヤーダ（写真）や、本体の旋回機能を利用して架線の向きを変え、効率の良い集材作業が可能なスイングヤーダが用いられます。これらの機械は全木集材、全幹集材、短幹集材（問題45参照）のいずれにも対応します。

日本ではこれらの搬出システム（架線系システム）の導入が増えており、2012年度の保有台数はタワーヤーダ143台、スイングヤーダ810台です。

タワーヤーダによる架線集材

50 北欧の機械化林業

(正答率50%)

北欧諸国の伐出作業で使用されている林業機械の組み合わせとして、妥当なものは次のうちどれでしょうか？
① フェラーバンチャ＋スキッダ　③ ハーベスタ＋スキッダ
② フェラーバンチャ＋フォワーダ　④ ハーベスタ＋フォワーダ

スウェーデンやフィンランドなど北欧諸国は、林業機械化の先進国として世界的に有名です。北欧における主要な伐出作業方法は、短幹集材システム（CTL：cut-to-length）という名で知られています。この作業システムでは、ハーベスタ（伐倒、造材）とフォワーダ（集材）の2種類の林業機械が用いられます（写真）。

作業ではまず、ハーベスタによって立木の伐倒から枝払い、玉切りまでの工程を一度に行います。アームの先についたヘッドで立木の幹をつかむと、数秒もしないうちに木は伐り倒されます。木をつかんだ状態のままで、フィードローラ（材送り装置）を使って幹を末口方向（細くなる方向）へ送ると、枝が次々にヘッド先端のナイフに当たって落ちていきます（枝払い）。材送りはあらかじめ指定された長さで自動的に止まり、材を切断して丸太にしていきます（玉切り）。

ハーベスタが林内に残していった丸太は、フォワーダが林内を自走しながら、グラップルを使って荷台に積み込んでいき、林道端まで集材されます。

ハーベスタ　　　　　　フォワーダ

51 林道の整備

(正答率43%)

2011年現在、日本の林道の総延長は、およそどのくらいでしょうか？

①2万km
②13万7千km
③17万5千km
④127万km

林道は、日常の森林の巡視や、森林の育成・管理、丸太の搬出作業のほか、山村地域での日常の生活に利用されています（写真）。林道をはじめとする森林内に整備されている道路網は「路網」ないし「林内路網」と呼ばれています。林内路網は、一般道や林道のようなトラックや一般車両が通行できる道路と、作業道のように林業機械が主に通行できる道路で構成されています。

2011年度末現在の日本の林道の総延長は13万7千kmであり、地球3.5周分に上ります。ちなみにJRの営業キロ数は2万km、農道の総延長は17万5千km、道路の総延長は127万kmです。

一方で、日本の林道の単位面積あたりの密度（林内路網密度）は約18m/ha（2011年現在）です。これに対し、樹木の成長が旺盛で林業・林産業の競争力が高いドイツは約118m/ha、オーストリアは約89m/ha（いずれも『平成24年版森林・林業白書』より）と路網整備が進められており、これらの国々と比較すると十分とは言えません。充実した人工林資源を有する日本の丸太生産量を増加させるためにも、林業の機械化や生産効率の向上が望まれます。林道の整備は、日本の林業の競争力を高めるために欠かせません。

新たに開設された林道（北海道）

52 都道府県別の林内路網密度

(正答率40％)

林内路網密度が最も高い都道府県は次のうちどれでしょうか？
① 秋田県　　③ 高知県
② 福井県　　④ 宮崎県

民有林（国有林以外の森林）の林内路網密度は、全国平均で21.5m/ha（2010年度末）となっています。都道府県別では、宮崎県が36.2m/haで最も高く、九州の各県はいずれも25m/haを超えています（宮崎県環境森林部森林経営課『平成23年度林内路網統計』より）。このほか、林内路網密度の高い県は下表のとおりです。なお、林内路網密度の算定に用いる「路網」には、林道、作業道（路）のほか、公道等（国県道、市町村道、農道等で民有林内にあるもの及び林縁から200ｍ以内にあり、森林の整備に資するもの）が含まれます。

　現在、各都道府県では、地域の特性を踏まえた独自の路網作設指針を策定し、路網の整備を進めています。例えば、長野県が2012年に策定した「長野県林内路網整備指針」では、路網配置の手順や、路網整備にあたっての留意事項を示しています。同県では、路網密度を2009年度の19m/haから2020年度に21m/haまで高めることを目標としています。

都道府県別の林内路網密度トップ10

順位	都道府県	林内路網密度（m/ha）
1	宮崎県	36.2
2	熊本県	29.8
	佐賀県	29.8
4	鹿児島県	29.6
5	福井県	27.6
6	富山県	27.5
7	大分県	27.2
	高知県	27.2
9	石川県	27.1
10	秋田県	26.4

資料：宮崎県環境森林部森林経営課『平成23年度林内路網統計』

森林を育てる担い手について学ぼう

53 農業・林業の全数調査

(正答率37％)

農林水産省が実施している農業・林業に関する全数調査を何というでしょうか？
　①農林業センサク　　　　　③農林業サーベイ
　②農林業サンプリング調査　④農林業センサス

　統計調査の方法には、全数調査と標本調査（サンプリング調査）があり、前者はセンサスとも呼ばれ、人口調査（国勢調査）が代表的です。基準を設けて定義した対象の全てを調査するので労力が掛かりますが、全体の数や構造を把握する基礎的で重要な調査です。

　農林水産省では、農林業経営と農山村の実態把握のため、1950年から農業センサスを、60年から林業を加えた農林業センサスを実施してきました（農業は5年毎、林業は10年毎）。林業調査では、林家や会社など事業体を対象とする調査（数や山林面積、労働力や林業作業、林産物販売など）、市区町村など地域の調査（森林構成や林業労働者数など）が行われ、山林保有と林業担い手の実態が明らかにされてきました。2005年に農業・林業を一体的に調査する「農林業経営体調査」と「農山村地域調査」に再編され、前者の実査対象は経営実績のある農林業経営体に絞られ、林家は数・面積のみの把握となりました。

　経営体調査は、調製した名簿により市区町村の調査員を通じて行われます。2010年センサスによれば林家（面積1ha以上）は91万戸で、その多数を小規模層が占める構造は変わっていません。林業経営体（面積3ha以上で経営実績有、または素材生産等実施）数は14万でした。

シンボルマークとマスコットキャラクター
（農林水産省ホームページより）

54 森林の所有者

(正答率58％)

日本では個人や共有、会社、社寺、組合、市町村、都道府県、国などが森林を所有しています。このうち、国が所有している森林の割合はどのくらいでしょうか？

① 11％　③ 41％
② 31％　④ 58％

森林には必ずそれを所有している所有者がいます。森林法では、「権原に基づき森林の土地の上に木竹を所有し、及び育成することができる者」としています。森林を所有しているということは、木竹を自由に使用、収益、処分することができることを意味しています。日本の森林の所有形態は、国有林と民有林に大きく2つに分けられます。さらに民有林は公有林（都道府県有林と市町村有林と財産区有林からなります）と私有林に分けられます。日本の場合は、国有林面積の割合は31％であり、私有林の割合が58％と高くなっています（図）。日本と同様に私有林の割合が高い国は、スウェーデンやフランスなどの欧米諸国です。

しかし、世界の森林に目を向けると、世界の森林面積の7～8割は国有か公有であるといわれています。森林は多様な公益的な機能を持っているため、私有林に対してもその利用をめぐっては洋の東西を問わず、様々な規制と助成が行われています。

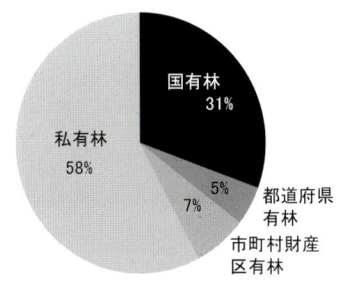

日本の森林所有者別面積割合
資料：森林・林業白書 平成26年版

55 日本の林家

(正答率53%)

日本では統計上、1ha以上の森林を保有する世帯を林家としてその世帯数や所有森林面積を調査しています。2010年現在、林家は何世帯(戸)あるでしょうか？

①9万戸　②91万戸　③250万戸　④500万戸

日本の場合、個人で森林を所有していると言うよりも、世帯として所有しているという形が一般的です。主に農地や森林は財産として多くの家々で代々受け継がれてきました。このような世帯のうち、森林(1ha以上)を保有*する世帯のことを統計上「林家」と呼んでいます。日本の総世帯数は約5,000万戸です。2010年現在、林家は91万戸を数えています(表・写真)。55戸のうち1戸が林家であるという計算になります。ちなみに漁業を営む世帯は9万戸、農業を営む世帯(農家)は250万戸です。

林家が保有する森林の面積は521万haに達します。これは、日本の森林面積の21%にあたります。現在、林家の世帯主の高齢化、世帯員の他出によって、林家が保有する森林を自ら管理できないことや、相続の発生により、都会に出た林家の後継者が森林の保有を引き継ぐことで、森林の不在村所有化が徐々に進んでいます。森林を維持管理していく上で難しい問題が起きています。

*保有：土地ごと森林を所有する場合のほか、立木だけを所有する場合も保有といいます。

山林面積規模別の林家数(面積1ha以上、単位：万戸)

	1960年	70	80	90	2000	05	10
計	113	114	111	106	102	92	91
1～5ha	88	85	82	78	76	69	68
5～20ha	22	24	24	23	21	19	18
20～50ha	3.0	3.8	3.9	3.8	3.6	3.3	3.3
50～100ha	0.6	0.7	0.7	0.7	0.8	0.7	0.7
100ha～	0.3	0.3	0.3	0.4	0.3	0.3	0.3

資料：各年農林業センサスより

篤林家と丹精込められて育てられた森林

56 不在村森林所有者

(正答率29％)

個人有林のうちで、当人が居住する市町村の外に所有している森林の割合はどのくらいでしょうか？

　①12分の1　　②8分の1　　③4分の1　　④2分の1

　森林がある市町村内に居住していない森林所有者を「不在村森林所有者」と呼んでおり、私有林面積の24％を占めています（2005年農林業センサスより）。不在村所有者にもいくつかのタイプがあります。①林業を在村者に委託している大山林不在村所有、あるいは中小不在村所有、②転用・投機目的の林地購入、③挙家離村による不在村所有、④ダム建設を契機とする不在村所有、⑤相続による不在村所有があげられます。①のように、林業目的の場合は地元に森林の管理を行う山番をおいたり、森林組合に管理委託したりしていることが多いため、森林管理上あまり問題はありません（写真）。それ以外の場合は、一般的に森林の管理は十分ではなく、森林管理の最も基本となる境界管理、すなわち、所有する森林の境界もわからなくなっていることもあるようです。後継者が森林の境界を伝授されないまま代替わりした場合には、境界がわからなくなってしまいます。森林所有者の高齢化に伴い、こうした例は今後もますます増えると推測されます。

　林業の施業は、ばらばらの複数の箇所で行うよりも、施業箇所をまとめて行う方が有利です。そのためには、複数の森林所有者から承諾を得て、森林経営計画を立てて計画的に施業を行う必要があります。林道や作業道を開設する場合も複数の森林所有者の承諾が必要ですが、地域外に住んでいる不在村所有者の承諾を得るのは容易ではありません。

森林の境界確定のための杭

57 林業従事者の人数

(正答率55%)

2010年現在、植林や伐採等の林業作業を主な職業としている林業従事者数は、およそどのくらいでしょうか？

①1.1万人　②5.1万人　③20.3万人　④260.6万人

森林所有者は、森林を所有していると同時に、森林をどのように利用するかを考えたり、森林で自ら作業をしたりします。しかし、最近では森林所有者自身が高齢なため自分で作業を行えなくなってきています。あるいは、所有している森林を伐採(収穫)するにあたって、技術や林業機械を装備している専門の林業会社に作業を任せた方が、効率が良い上、安全です。そのため、林業会社などに雇用されて林業の現場での作業に従事している林業労働者の役割はますます重要になってきています。しかし、その数は年々減少傾向にあります。これまで林業の生産活動が停滞していたことと、機械化が進んでいることがその理由です。なお、年間を通じて林業で働いている人ばかりではなく短期的に従事している人もあるため、林業従事者の数の正確な把握はむずかしいです。図では、「国勢調査」の数字を使用しています。

ちなみに、林業従事者のうち65歳以上は1.1万人です。また、漁業就業者数は20.3万人、農業就業人口は260.6万人です。

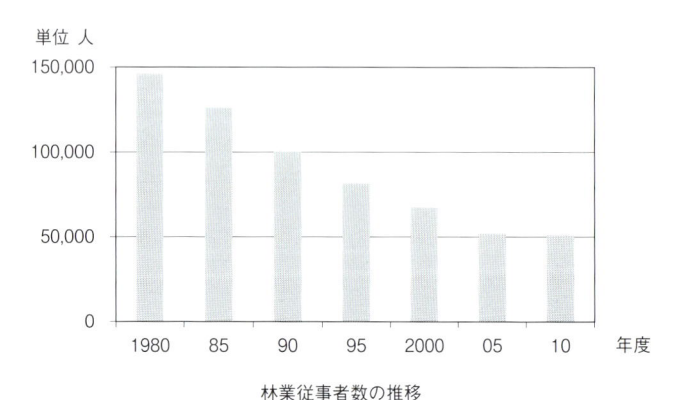

林業従事者数の推移
資料：総務省統計局 国勢調査 平成22年ほか

58 林業従事者の高齢化

(正答率76％)

全産業でみた労働者の高齢化率（65歳以上の就業者の割合）は10パーセントです。2010年度の林業従事者の高齢化率は何パーセントでしょうか？

　①5％　　②10％　　③21％　　④30％

　日本の社会全体で少子高齢化が問題になっています。林業ではかなり以前から林業労働者の高齢化が問題となっています。高齢化率（65歳以上の割合）は、2000年には30％に達しました（図）。これに対して、各地の林業会社は若い人が林業で働きやすくするために給料を月給制にしたり、社会保険を充実したり、労働条件を改善したりする努力を政府の力を借りながら行ってきました。また、国の施策（「緑の雇用」）として、都市に住む若者や林業以外で働いている若者に林業で働いてもらうための研修制度を導入し、その内容の充実をはかってきました。これらが功を奏して、若い人の林業への新規参入が増えてきています。その結果、2010年度の高齢化率は21％に低下しています。

　また、若年者率（就業者総数に占める35歳未満の割合）も増える傾向にあり、1990年には林業就業者の若年者率は6％程度でしたが、2010年には17％に高まるとともに、女性の林業への関心も高まってきており、各地に林業女子会が結成されています（写真）。

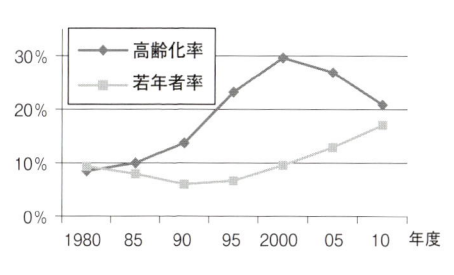

林業従事者の高齢化率と若年者率の推移
資料：林野庁ホームページ

林業女子会

59 森林総合監理士

(正答率87%)

地域の森林・林業の牽引者となる「地域森林総合監理」試験の合格者は何と呼ばれるでしょうか？

① プランナー
② ファシリテーター
③ フォレスター
④ グリーンマイスター

日本の森林は利用期を迎えています。森林を伐採して木材を生産し、加工することにより雇用が生まれ、地元の経済は潤います。一方で、森林を伐った後にまた木を植えて育てることによって、再び木材を生産することができます。植栽と伐採を繰り返す持続的な経営が、林業の重要な考え方といえるでしょう。

そのような経営を進めるためには、各地域において長期的な視点に立った森林づくりのマスタープランが必要です。このマスタープランは、市町村が作成することになっている市町村森林整備計画のことを意味します。しかし、市町村には、地域の森林、林業の専門知識をもっている職員は少なく、市町村独力で、森づくりのマスタープランを作り、それを実行することはむずかしいのが実情です。

そのため、国は、地域の森林、林業の牽引者となる人材を「森林総合監理士」として育成し、それぞれの地域ごとに地域の実情を踏まえた森づくりのマスタープランの作成と実行を手助けし、森林・林業の再生を進めていくことにしました。この森林総合監理士はドイツの森林官（フォレスター）制度をモデルにしていることから、日本型フォレスターと呼ばれています（写真）。

狩猟会を主催する森林官
（ドイツ・バイエルン州）

60 森林組合の組合員

(正答率31%)

森林組合の主たる組合員は誰でしょうか？
① 森林所有者　　③ 林業従事者
② 公務員　　　　④ 森林に興味がある人

　日本の森林所有者の大部分は小面積の森林しか所有していません。しかも、個々の森林所有者が所有する森林は1カ所にまとまっておらず、数カ所、あるいはそれ以上に散らばっているのが一般的です。このように、森林の所有面積が小さいと、森林からの収穫は間断的になり、収穫も少量にならざるを得ません。こうした小規模森林所有者の状況を改善するために設立されたのが森林組合です。

　2011年現在、全国に森林組合は672組合あります（表）。森林組合の組合員は個人の所有者だけではなく、市町村、財産区も組合員になることができます。森林組合の組合員が所有する森林面積は、全国で1,089万haに達します。これは国有林や都道府県有林を含めた全森林面積の44％を占めます。また、組合員になることが可能な者の所有する森林面積の実に7割近くが、森林組合員によって所有されています。

　森林組合は森林所有者にとってもっとも身近な存在です。森林所有者が、自らの力で森林を管理できない場合に、代行するはたらきもあります。このように、森林所有者には頼りになる組織です（写真）。

森林組合の概要（2011年度）

森林組合数	672組合
組合員数	156万人
地区内民有林面積	1,590万ha
組合員所有森林面積	1,089万ha
組合加入率	69%

資料：林野庁「平成23年度森林組合統計」
注1 森林組合数は、都道府県知事が認可した組合数。
　2「地区内民有林面積」には、都道府県有林面積を含まない。
（林野庁ホームページより抜粋）

森林組合主催の座談会

61 森林組合による丸太生産

(正答率18%)

2010年現在、森林組合の丸太生産量は国全体の生産量に対して何パーセントを占めるでしょうか？

① 11%　③ 48%
② 21%　④ 80%

　森林組合の重要な仕事の1つは、森林所有者に代わって森林の管理を行うことです。そのために、森林組合の中には、林業労働者のグループである作業班を抱えるところもあります。森林所有者から作業の依頼があった場合に、その森林所有者が所有する森林で、植林や下刈り、間伐、さらには丸太の生産を代行します。

　森林組合による作業の代行は、長らく植林や下刈り、間伐といった保育作業が中心でした。木材生産に関しては、森林組合以外の民間の素材生産業者が担ってきました。近年、森林所有者の持っている森林が成熟するにともない、保育作業が必要な森林が減り、森林組合の仕事の中で木材生産も重要になってきています。そのため、図に示されるように、国内の丸太生産に占める森林組合のシェアも20％に達しています。

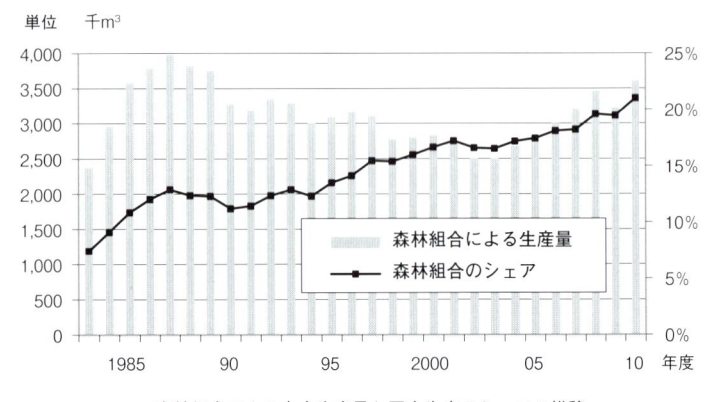

森林組合による丸太生産量と国内生産のシェアの推移
資料：森林・林業白書 平成26年版ほか

62 国有林による丸太生産

(正答率43%)

2011年現在、国有林における丸太生産量(木材販売量)は国全体の生産量の何パーセントを占めるでしょうか？
　①5%　　②15%　　③25%　　④45%

　国有林は、日本の森林面積の約3割を占めています。国有林は全国各地に広がっています。しかし、その分布は地域によって多少偏っています。国有林の占める割合が大きいのは北海道(39%)、東北地域(31%)で、逆に少ないのは近畿地方(4%)です。国有林の多くは地形が急峻な奥地の山々や河川の源流に所在しています。また、国有林の中には原生的な天然林が広く分布し、野生動植物の生息地として重要な森林も多く含まれています。そのため、保安林の6割、国立公園の6割が国有林によって占められています(写真)。

　国有林に対する国民や産業界の要請は時代によって大きく変わってきました。第二次世界大戦後は荒廃した森林の整備が重要な課題で、造林がすすめられました。戦後の復興期から高度経済成長期には旺盛な木材需要にこたえるために、国有林から多くの木材が生産されました。しかし、1980年後半以降の国民の自然環境への関心の高まりを受けて、1990年代に入って国有林の経営方針は木材生産だけではなく森林の多面的機能を重視するように変わってきました。現在でも、国有林は以前ほどではないものの、木材生産を続けており、地域の木材産業の育成や雇用を維持にも貢献しています。国有林の2011年度の木材販売量は271万m^3であり、同年の丸太生産量(1,829万m^3)のおよそ15%を占めています。

知床の国有林

63 森林を管理・利用するための制度

(正答率50%)

わが国には、森林の乱開発を防ぎ、持続的に利用するために設けられた制度(森林計画制度)があります。この制度が設けられたのはおよそいつ頃でしょうか?

① 約100年前(1910年代)
② 約80年前(1930年代)
③ 約60年前(1950年代)
④ 約40年前(1970年代)

森林計画制度は、長期的な視点に立った計画的かつ適切な森林の取扱いを推進することを目的として、1951年に改正された森林法に基づいて定められたものです(翌1952年より開始)。

この制度の下で、これまでに持続的な森林の管理・利用のために、様々な工夫がなされてきましたが、1991年からは河川の流域を計画の単位として、民有林と国有林が一体となった森林整備と林業・木材産業の振興を総合的に展開することを目的とする「森林の流域管理システム」が開始されました。

さらに2009年には、木材の安定供給と利用に必要な体制を構築し、日本の森林・林業を早急に再生していくための計画である「森林・林業再生プラン」が構想され、2011年より(1)市町村がつくる森林の整備計画を重視すること、(2)森林経営の長期方針等を定める森林経営計画を作成することなどが推奨されています。

また、政府が策定する森林・林業基本計画に基づき、農林水産大臣が全国森林計画を策定します。これをもとに各都道府県知事が地域森林計画を策定する一方、各森林管理局長が「国有林の地域別の森林計画」を作成、地域森林計画に基づき、各市町村が市町村森林整備計画、森林所有者が森林経営計画を作成することとされています。

この計画を策定し、それに沿って森林の管理を行えば、持続可能な木材生産が確保されることから、森林所有者は様々な助成策を受けることができます。

64 日本の森林認証面積

(正答率50%)

日本における2013年12月現在の森林認証面積はどのくらいの広さでしょうか？

① 1.6万ha　③ 160万ha
② 16万ha　④ 1,600万ha

1992年の国連環境開発会議で採択された「森林原則声明」を受け、持続可能な森林経営のために必要な基準・指標づくりに世界規模で取り組まれるようになりました。具体的には、生態系・貴重種の保護、水源保全などの環境面、健全経営、計画性などの経済面、先住民、労働者、地域との協調などの社会面についての基準や指標があります。より具体性を持った基準や指標によって第三者が森林経営を評価・認証し、そこから産出された認証材のサプライチェーンの確立により、持続可能な森林経営の実現を促す制度が「森林認証」です。

世界的に見ると二つの潮流、すなわち森林管理協議会（FSC）の森林認証制度とPEFC森林認証プログラム（PEFC）があり、FSCは世界自然保護基金（WWF）などの環境NGOが主体となり1993年に、PEFCは欧州11カ国の森林所有者や林産会社、商社などが中心となり1999年に設立されました。2013年12月現在の森林認証面積はFSCが1.8億ha、PEFCは2.4億haであり、それらの合計は、世界の森林面積の10％超となっています。日本ではFSCの森林認証面積が約40万haであり、2003年に設立された日本独自の『緑の循環』森林認証会議（SGEC）の約122万haを加えると、森林認証面積の合計は約162万ha、森林面積の6％余りとなっています（写真）。

認証材と非認証材とを分別している静岡県の原木市場

65 林業労働災害の発生率

(正答率33%)

林業の労働災害の発生頻度は、全産業平均の何倍になるでしょうか？
①3倍　②7倍　③13倍　④28倍

　労働災害発生件数は年によって変動があります。また、その背景となる事業量や労働者数によっても影響を受けるため、普遍的に評価するにはこれらの影響を除いた指標が必要です。日本では一般に、死傷年千人率（労働者数1千人に対する労働災害死傷者数の割合）を労働災害発生頻度の指標としています。労働災害死傷者数とは、休業4日以上の傷害として労働災害認定された死傷者数を指します。

　1972年に労働安全衛生法が制定されてから、50人以上が常時働く職場では安全管理者と衛生管理者を選任し、常時10〜50人が働く職場では安全衛生推進者を選任するなど、全産業で安全衛生管理体制が義務づけられました。それにより、1978年をピークに全産業で労働災害が劇的に減少しました（図）。林業においても、1978年には60‰（パーミル。千分の1のこと）あった死傷年千人率が、1990年には30‰までに半減しています。鉱業は鉱山のほとんどが閉山し、事業量が激減したこともあり、林業よりも死傷年千人率は下がっています。また、木材製造業や建設業は10‰以下となり、労働災害がかなり少なくなっています。

　しかし、林業における労働災害は、1990年以降は死傷年千人率の減少が見られず、2011年時点では27.7‰であり、全産業平均（2.1‰）の13.2倍という高い水準となっています。1990年以降は高性能林業機械の普及が進み、林業現場はかなり機械化されましたが、林業は依然として他産業に比べて労働災害の多い仕事であるため、関係省庁では安全性向上が喫緊の課題とされています。

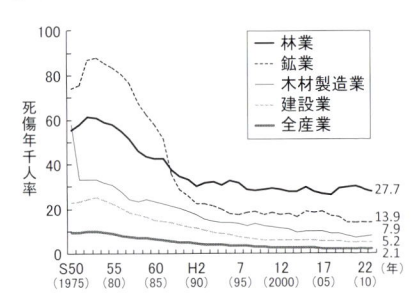

死傷年千人率の推移と産業比較
資料：林野庁（2013）平成24年度森林・林業白書

66 林業における労働災害の傾向

(正答率96%)

林業において死亡災害が最も多い作業は次のうちどれでしょうか？

①伐木作業　②造材作業　③集材作業　④造林作業

　林業作業は、大きく造林作業と伐出作業に2分されます。造林作業は主に、地ごしらえ、植栽、下刈り、除伐、保育間伐で構成されます。これらの作業は、草刈り鎌、手鋸、鉈などの手工具を用いた作業が中心ですが、地ごしらえと下刈りに刈払機が、除伐と保育間伐にチェーンソーが使われます。伐出作業は主に、伐木、造材（枝払い・玉切り）、集材で構成されます。急傾斜地が多く複雑な地形をした日本の森林では、伐木作業のほとんどをチェーンソーに頼っていますが、造材作業には高性能林業機械の普及が進み、太い木や広葉樹などを除いてチェーンソーを使う現場が少なくなっています。

　このように機械化の進展状況と作業内容は各作業において異なります。これらの作業における労働災害の状況を2011年度の死亡災害集計で見てみると、全38件の死亡災害のうち、伐木作業中が55％と最も多く、次いで集材作業、造材作業と続き、造林作業が最も少なくなっています（図）。この傾向はこの10年ほど変わっていません。チェーンソーを使う伐木作業は危険であり、他の作業員が近くで作業をしていて巻き込まれたり、伐倒した木が他の立木にひっかかる「かかり木」を危険な方法で処理したり、一人で作業していて事故の発見が遅れたりという死亡災害が後を絶ちません。チェーンソーによる労働災害が減少すれば、林業の死傷年千人率も確実に減らすことができます。

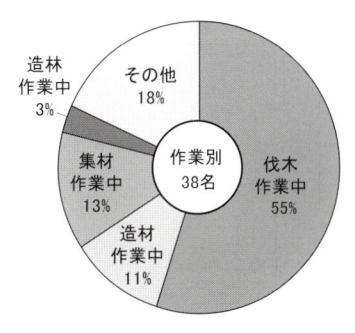

林業死亡災害の作業別集計（2011年度）
資料：林業・木材製造業労働災害防止協会
　　　ホームページ

作業別 38名
- 伐木作業中 55%
- 造材作業中 11%
- 集材作業中 13%
- 造林作業中 3%
- その他 18%

67 林業作業の安全教育

(正答率79％)

労働安全衛生規則により、林業の作業従事者に特別教育を行うものとされている業務は次のうちどれでしょうか？
① 苗木の植え付け
② 鎌による下刈り
③ はしごに登って行う枝打ち
④ チェーンソーによる伐木

　日本では、労働安全衛生法および労働安全衛生規則によって、危険又は有害な業務に労働者をつかせる場合に事業者等が教育を行うものとして、チェーンソーを用いて立木の伐木、かかり木（問題66参照）の処理または造材の業務を行う作業者に、特別教育を行うことが定められています。

　具体的には、伐木作業に関する知識として伐倒の方法、伐倒の合図、退避の方法、かかり木の種類及びその処理、チェーンソーに関する知識として、種類、構造及び取扱方法、点検及び整備の方法、ソーチェーンの目立ての方法についての学科と実技の講習が行われています。そのほか、振動障害の原因及び症状、予防措置に関する知識や、法令及び労働安全衛生規則中の関係条例について講習が行われています。

　また、特別教育に準ずるものとして刈払機取扱作業者安全衛生教育があり、刈払機の構造、作業、点検及び整備、その振動障害の防止、関係する法令に関する知識についての講習と、作業についての実技講習が行われています。さらに、2013年には労働安全衛生規則の一部改正により、車両系林業機械の運転業務が特別教育の対象に追加されました。

　このほか、木材加工関係では、木材加工用機械作業主任者技能講習があります。木材加工用機械を5台以上有する事業場において木材加工用機械作業主任者を選任しなければなりません。作業に3年以上従事した者を対象として、木材加工用機械とその安全装置に関する種類、構造、作業方法、保守点検ならびに関係する法令についての講習が行われています。

木材の流通と貿易について学ぼう

68 木材自給率

(正答率75%)

2012年における日本の木材自給率は何パーセントでしょうか？
① 8%　② 28%　③ 48%　④ 88%

私たちの消費する木材の大部分は外国から輸入されており、近年におけるその割合は7割強に達しています。特に、紙の原料となる木材チップの輸入依存度は高く、オーストラリアやチリ、東南アジア諸国などが相手国です。

日本における1950年代の木材自給率は8割以上であり、国内の森林資源から産出された木材を、住宅用の材料や家具、紙、燃料など多様に使用していました。しかし、第2次世界大戦後の高度経済成長期に新設住宅着工戸数が増加し、それに伴って丸太価格が高騰したことから、丸太輸入の自由化が1950年代後半に産地毎に順次進みました。

そして、1960年代以降には丸太や木材製品の輸入が増えていきました。東南アジア諸国や北米などからの木材輸入の増加につれて、1969年に木材自給率は50％を割り込み、さらにロシアやオセアニア諸国、欧州諸国などからの輸入が増えて2000年代初頭には18％にまで低下しました。

近年は、京都議定書の発効に伴う地球温暖化対策としての森林整備が推進され、その中で間伐材の生産量及びその利用が増えています。また、校舎や保育園（写真）、体育館、郵便局などの公共建築物や、コンビニエンスストアやファミリーレストランなどの商業施設にも木材が使われ始め、様々な木材利用の取り組みが広がる中で、木材自給率も緩やかに上昇しています。その結果、最近では3割近くまで木材自給率が高まっています。

内装などに国産材を使用する東京都港区の保育園

69 1人当たりの木材消費量

(正答率63%)

日本において1人当たりの年間木材消費量が最も多かったのはいつでしょうか？

　①1958年　　②1973年　　③1988年　　④2003年

1人当たりの年間木材消費量は、1955年に0.7m³でしたが、1973年には1.5倍強の1.1m³に達しました（図）。第2次世界大戦後の高度経済成長や核家族化が進む中で住宅着工戸数が急増し、紙・板紙の消費量も大きく伸びたからです。

しかし、第1次石油危機を経てその量は低下し、低成長期となった1982～1985年には0.8m³を下回るようになりました。その値は、1985年のプラザ合意を経てバブル景気循環期になると0.9m³を上回るまで回復し、1990年代半ばまで0.9m³前後の水準を続けましたが、2000年代になると0.8m³から0.5m³強へ顕著な減少が見られました。2000年代終わりに米国で発生したリーマンショックにより経済状況が悪くなったということのみならず、木材や紙・板紙のリユースやリサイクルが少しずつ広まり、また住宅などを長期に使用する傾向が生じているためと考えられます。

他方、化石燃料などの枯渇性資源に代わって再生可能な森林資源からの木材を利用しようという取り組みも広がっていますので、また日本の木材消費量は増えていく可能性もあります。1人当たりの年間木材消費量は世界平均では0.5m³ですが、北欧諸国や北米などの先進国では1.0m³を大幅に超えていますので、私たちにとって持続可能な社会や循環型社会のために木材の使用を増やすことが必要と言えます。

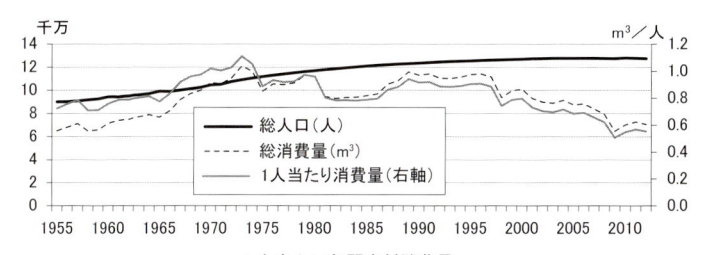

1人当たり年間木材消費量

資料：林野庁「木材需給表」、総務省「日本の統計2013」「人口推計資料No.76」

70 輸入木材の形態

(正答率19％)

日本は外国から多くの丸太や木材製品を輸入しています。2010年代初めに、その総量に占める丸太の量の割合はおよそ何パーセントでしょうか？

① 5％　② 20％　③ 45％　④ 60％

木材輸入の形態は1950年代以降に丸太から製品へ次第に変化してきました。輸入木材に占める丸太の割合は下がり続け、5％程度になっています。近年の1950年代後半から1980年代まで、日本は東南アジア諸国や北米などから丸太を中心に木材輸入を増やしました（写真、2004年撮影）。国内の製材工場や合板工場が、輸入丸太を加工し、製品を国内の住宅建築などに供給したのです。

しかし、インドネシアやマレーシアのサバ州やサラワク州が、森林資源の減少や国内木材産業の育成を背景に1980年代～1990年代に丸太の輸出禁止や輸出制限の政策を導入して自国の合板産業振興を進める一方で、米国北西海岸地域では1980年代終わりから1990年代前半にマダラフクロウやマダラウミスズメなどの自然保護運動が広まり、連邦有林や州有林での森林伐採や丸太輸出が規制されるようになりました。マダラフクロウなどの生息域が原生林（オールドグロウス）で、そこが主たる伐採対象になっていたためです。さらに2000年代後半になると、ロシアも国内の木材産業を振興するために丸太輸出関税を上げ、丸太価格が高まると共に林産物輸出が丸太から製品へシフトしています。また、日本の製紙会社は原材料の安定調達を視野にして1980年代終わりより海外植林を本格化させ、木材チップの輸入も増加しました。こうした貿易相手国の政策により、日本は製材品や合板等の木材製品の輸入が急速に増加しました。

新潟港に輸入されたマレーシア・サラワク材

71 輸入木材チップ

(正答率55%)

日本における古紙を除く製紙原料の中で大半を占める輸入木材チップは、2010年代初めに、どこの国から最も輸入されているでしょうか？

①中国　②オーストラリア　③南アフリカ　④米国

2012年における世界の紙・板紙生産量は、中国が最多で1億250万トンに達し、それに米国の7,438万トンが続き、日本は第3位でした。日本における2009～12年の紙・板紙生産量は年間2,800万トンを上下する水準が続き、その原材料の6割以上が古紙で、その他のパルプ原料である木材チップの7割は輸入されています。

財務省「貿易統計」に基づくと、日本における2012年の木材チップ輸入量は1,113万トンであり、輸入元としては27％がオーストラリア、23％がチリであり、両国のシェアは5割に達しています。輸入木材チップの樹種別構成については、針葉樹チップが154.6万トン、広葉樹チップが958.7万トンであり、そのうち各々29.7％、26.2％がオーストラリアからの輸入でした。なお、針葉樹チップでは米国が33.4％、広葉樹材チップではチリが27.0％で最多でした。繊維が長い針葉樹チップは、より強度の求められる紙類に、広葉樹チップは滑らかさの必要な印刷用紙などに用いられています。

日本の製紙会社は、製紙原料の木材チップを安定的に調達するため、1980年代終わりから南半球の国々を中心に海外産業植林を進めました。主たる対象はオーストラリアであり、成長の早いユーカリ類を中心に植栽し、林齢10年前後で収穫します。収穫された木材はチップに加工され、専用船で2週間程を要して日本へ輸出されます（写真、2006年撮影）。

オーストラリアのタスマニア島の港で輸出を待つ木材チップ

72 丸太に課せられる輸入関税

(正答率28%)

2010年代初めにおいて、日本が輸入する丸太の中で唯一関税が課せられている樹種は次のうちどれでしょうか？
① キリ　② ポプラ　③ 五葉松　④ セラヤ

環太平洋戦略的経済連携協定（TPP）が様々なニュースに取り上げられています。日本の輸入統計品目表（実行関税率表）は、国際統一商品分類（HSコード）9桁に区分された関税率を公表しています。上から4桁が大きな括りとしての丸太（HS4403）や製材品（HS4407）、単板（ベニア）（HS4408）などの品目を意味します。また、それに続く数字は樹種や形状等により付けられます。

関税率には「国内産業の状況等を踏まえた長期的な観点から、内外価格差や真に必要な保護水準を勘案して設定されている税率」である基本税率や、「WTO加盟国・地域に対して一定率以上の関税を課さないことを約束（譲許）している税率」であるWTO協定税率などがあります。実行関税率表に基づくと、丸太ではキリに基本税率5％、WTO協定税率3.5％が課せられるのみです。他の輸入丸太には関税が課せられませんので、丸太輸入については実質的に自由化されているのです。

一方、他の木材製品に対しては輸入関税が課せられます。例えば、製材品には、「まつ属」「もみ属」「とうひ属」に基本税率8％、「からまつ属」への課税も基本税率8％ないし10％が課せられ、単板には樹種等により基本税率20％ないし15％ないし5％が充てられています（写真、2013年撮影）。

コンテナによる木材製品輸入が主になっている東京港

73 木製家具の輸入

(正答率68％)

日本が輸入する木製家具について、2010年代初めの相手国として最大の国は次のうちどこでしょうか？
①ベトナム　②フランス　③スウェーデン　④中国

　私たちの身近にある家具は様々な形態で輸入されます。そのため、丸太や製材品等とは異なり、物量として同一の基準で把握することができません。ここでは、財務省「貿易統計」を用いて社団法人日本家具産業協会が集計した結果を利用し、金額で見た木製家具の輸入を見ていきましょう。

　日本の金属製家具等を含む家具輸入額は2011年に3,832億円、2012年に4,283億円であり、そのうち木製家具はそれぞれ1,870億円と2,029億円と半分近くを占めました。木製家具の輸入額のうちアジア・中近東州からが9割と大部分であり、その過半が中国からの輸入となっています（写真、2008年撮影）。中国に次ぐのがベトナムであり、中国の約3分の1の輸入額でした。その他の東南アジア諸国についても位置付けが高く、マレーシアやインドネシア、タイからもそれぞれ百数十億円の輸入があり、この額は欧州諸国からの輸入総額と同水準です。欧州諸国では、イタリアが年間40億円弱、ポーランドが約23億円であり、スウェーデンからは4億円超、フランスからも3億円超に過ぎません。

　輸入木製家具の品目としては、腰掛け木製フレームアップホルスターや寝室用家具、仏壇が上位にあり、私たちの身近なところで使用されていることが分かります。

中国大連に所在する家具製造会社の製品

74 違法伐採材対策

(正答率57％)

違法伐採材の輸入をなくすために2013年3月に欧州で導入された施策は次のうちどれでしょうか？

① レイシー法　② 熱帯丸太規制　③ 木材規制　④ 輸入関税

1998年に英国・バーミンガムで開催された主要国首脳会議において、木材生産国における違法な森林伐採や木材取引の問題が取り上げられました。違法な森林伐採や木材取引の蔓延は、持続可能な森林管理の実現に向けて多大な悪影響を与えるのみならず、木材生産国の財政に対しても甚大な損失を与えるからです。それ以来、国際社会における森林の重要課題として、各国の法制度に対する違法な森林伐採や木材取引の問題が議論され、木材輸入国でも合法材や森林認証材（問題64参照）の取り扱いが増えてきました（写真、2004年撮影）。

欧州連合（EU）は、2003年に採択した「森林法の施行およびガバナンス・貿易（FLEGT）行動計画」に基づき、世界に先駆けて問題の解決に取り組み、さらに2013年3月3日に発効した「木材規制」により、第1に違法伐採材がEU市場に最初に入る時点で取り締まること、第2に輸入するEU内の取引業者に対して仕入れ先から原料段階から追跡可能とすること、第3にそれらの供給者と購入者に関する記録を残すことを主要な義務として規制を強めました。

なお、米国は2008年に改正レイシー法により、米国法あるいは外国法に違反して取得・輸送・売買された木材および木材由来製品は、国際間取引、州間取引を問わず、輸出入、輸送、販売、受取り、取得、購入することを禁じています。日本では2006年にグリーン購入法を改正し、公共部門における合法材調達を促しています。

ドイツでは、持続可能性を第三者認証された森林から産出された木材の製品がDIYショップに陳列されている

75 木材輸送船の大きさ

(正答率65％)

2000年代に北米やオセアニアから丸太を運ぶ木材輸送船の大きさはどのくらいでしょうか？

①3千トン級　②8千トン級　③3万トン級　④10万トン級

日本向けの木材輸送船には大小があり、米国北米西海岸地域やニュージーランド（以下、NZ）からの丸太は2000年代に3.2万トン級（おおよそ3万m^3積載）が主流となりました（写真、2006年撮影）。さらに大型化は進み、5万トン級の輸送船も導入されています。特に、オーストラリア等の南半球からのチップ輸送に用いられる船舶は4万～5万トン級となっています。

北米材の海上輸送に用いられる船舶を例に取ると、1980年頃の2万4千トン級から1980年代後半の2万6千トン級、1990年代の2万8千トン級へと徐々に大型化が進み、それと共に小型船は姿を消していきました。船舶の大型化は輸送運賃を下げることに主眼があり、エネルギー効率を高めることにも寄与しています。北米材やNZ材の輸送に使われる船舶は、輸送日数を短縮するため往路は貨物を積まずに空で行き、復路で日本向けに木材を積むことも多くなっています。なお、国内の船舶の使用に関しては、15カ年が目安であり、それを過ぎると船舶保険と貨物保険が高くなることから、近隣の他国へ販売されて使用されるのが一般的です。

ちなみに、マレーシア等の東南アジア諸国からは7.5千～8.6千トン級（約7千m^3積載）、ロシア極東・沿海地域からは3千～5千トン級（約3千m^3積載）の船舶が主に用いられます。これらの船舶は、日本から東南アジア向けに雑貨を、ロシア向けには中古自動車を積載しています。

米国ロングビュー港で積み荷を待つ米材輸送船

76 紙消費に影響する要因

(正答率46%)

紙・板紙の消費量に最も強く影響する要因は次のうちどれでしょうか？
　①出生数　②パソコン普及台数　③国内総生産　④新聞発行数

　私たちの身近にある紙・板紙を機能ごとに見ると、文化用（新聞用紙、印刷情報用紙等）と産業用（包装用紙、段ボール原紙、紙器用板紙（白板紙）等）と家庭用（衛生紙等）に3分類でき、様々な産業活動や私たちの日常生活に活用されます。

　高度経済成長期以降の日本では、人口や世帯数が増加し、それに国際貿易の増加も加わって産業活動が活発化かつ多様化しました。そのため、2000年代初めまでは国内総生産（GDP）の成長に伴って紙・板紙製品の消費量が増えました。紙・板紙の機能別には、文化用と産業用は景気が良くなると主に産業活動に様々に使われて増加し、家庭用は世帯数と人口の影響により増減する傾向があります。特に戦後の紙・板紙生産の特徴として、印刷情報用紙と段ボール原紙の顕著な増加があり、産業活動が活発になるにつれてその消費量も増加してきました。

　近年は、衛生紙などの新たな紙製品が加わり、タブレット端末の利用増加に伴う新聞や雑誌、書籍の電子化、また国内における古紙利用や外国からの紙輸入の増加によって、GDPの成長と共に紙の消費量も増えるという関係は弱まりつつあります。

　また、日本製紙連合会資料によると、2012年に国民1人当たり紙・板紙消費量が多かったのはベルギー（318kg）、オーストラリア（252kg）、ドイツ（243kg）、米国（229kg）、日本（218kg）の順であり、所得の高い国ほど多くなっています（図）。

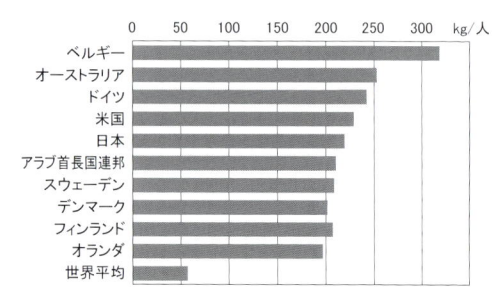

国民1人当たり紙・板紙消費量（2012年）
資料：日本製紙連合会ホームページ

77 割り箸の消費量

(正答率60%)

2010年において、日本国内で消費する割り箸は1人当たり年間およそ何膳でしょうか？

①50膳　②150膳　③350膳　④500膳

　割り箸の国内生産量と輸入量とを合わせた数量を消費量とおくと、私たちは2000～2006年に概ね年間250億膳を使用しました。輸入食品の安全性に注目の集まった2007年より割り箸消費量は減少に転じ、2009年にはリーマン・ショックに伴う経済活動の落ち込みを受けて前年比15％減少して193億膳に低下し、2010年にも同水準の消費量となりました。この量を、2010年12月1日現在の総人口1億2,805万人で除すと、1人が1年に151膳の割り箸を消費していることになります。

　割り箸消費量に占める国産の割合は3％前後（うち、原料の2割近くは外材を使用）に過ぎません。国内産割り箸は、製材で発生する背板等の端材やシラカバなどの小径材を原料として製造されており、国内資源の有効活用という観点で重要な意味を持ちますが、生産量から見る限りでは、消費者が普段目にする機会は少ないと言えるでしょう。

　輸入割り箸は全消費量の97％前後を占め、そのほとんどが中国から輸入されています（図）。最近よく目にするようになった竹箸も中国からの輸入が多くなっていますが、その割合は数量にして18％前後、価額にして約24～25％であり、平均単価は竹製の割り箸が1膳当たり1.02～1.19円と、アスペンやシラカバ等を原料とするその他の割り箸より5割程度高くなっています。

　私たちが使用する割り箸のほとんどが輸入されていることには驚かされます。

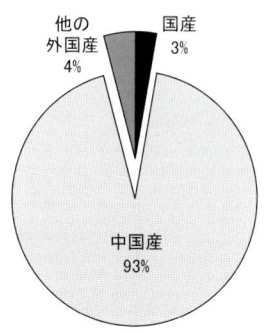

日本国内で消費された割り箸の産地構成（2010年）
資料：財務省「貿易統計」、立花敏『山林』1526号（2011）

78 日本の木材輸出

(正答率34％)

2012年に日本が最も多くの丸太を輸出した国・地域は次のうちどこでしょうか？

① 中国　② 米国　③ 台湾　④ 韓国

日本林業にとって木材輸出の促進が目指すべき１つの方向性となっています。財務省「貿易統計」に基づくと、日本の丸太輸出量は2009年の３万7,745m^3から年々増加し、2012年の11万3,715m^3へ３倍になりました。それでも、国内丸太生産の１％にも達していません。

2009年の相手国別丸太輸出量としては、韓国向けが１万4,597m^3で最も多く、次いでフィリピン向けが１万254m^3で、両国に続く台湾向けと中国向けは１万m^3を下回っていました。しかし、2012年には台湾向けが最も多く６万7,968m^3となり、韓国向けが２万7,138m^3、中国向けが１万4,792m^3という順番でした（図）。台湾では日本の間伐材を輸入し、型枠用や足場に用いられることが多いようです。韓国には木造戸建住宅建築での需要や内装用材としてのニーズがあり、特に健康ブームによりヒノキ材の人気が高まっています。

丸太輸出は九州を中心にして増加しつつあり、全国各地で同様の取り組みがあります。輸出形態として近年はコンテナによる小口の輸出も増加する傾向にあります。一般財と同様のコンテナにより、輸出の機動性を高められるためです。

製材品については2010～2012年に約６万m^3の輸出量が続き、最多の相手国はフィリピンでした。輸出された製材品は、フィリピンのプレカット工場で加工され、プレカット材として日本に逆輸入されています。この他に合板や繊維板、削片板については2009～2012年に１万m^3を上下する輸出量が続き、伸び悩んでいると言えそうです。

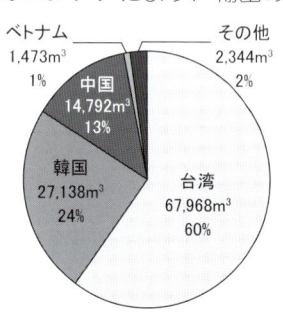

2012年における日本の相手国別丸太輸出
資料：財務省「貿易統計」、立花敏『山林』1560号（2014）

79 スギの用途

(正答率67%)

国産材であるスギについて、2000年以降急速に拡大している用途があります。次のうちどれでしょうか?

① 柱材　② 桶や樽　③ 合板　④ 割り箸

スギは柱材や板材として用いられるほか、桶や樽、端材は割り箸などに活用されています。一方で、合板の原料には熱帯広葉樹材やベイマツ、ロシアカラマツなどの比較的高い強度の輸入材がかつては使用されてきました。しかし、戦後植林されたスギの資源量充実や、特に1990年代後半以降の木工機械の技術開発や厚物合板(合板のうち、厚さ24mmや28mmのような厚手のもの)などの製品開発により、合板用としての需要が急増しています(写真)。国産針葉樹材を用いた合板は相対的に軽量となる点も受け入れられた要因の一つです。

国産合板の原料の内訳をみると、スギとカラマツ、その他を合わせると3分の2が国産針葉樹材となっています(図)。特にスギに関しては1995年にはわずか1千m³でしたが、2010年には154万m³にまで急増しており、国産材の需要拡大に貢献する製品となりました。

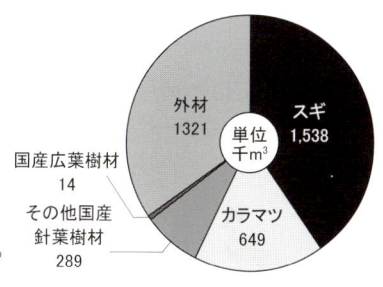

国産合板の原料(2010年)
資料:農林水産省「平成22年木材統計」

スギと国産スギ合板

カラマツと国産カラマツ合板
(カラマツ写真は森林総合研究所林木育種センター東北育種場提供)

80 世界各国の木材の用途

(正答率56%)

世界各国で生産されている木材の消費量のうち、最も大きいのは次のうちどれでしょうか？

① 薪炭材　　③ 合板等のボード用材
② 製材用材　④ パルプ用材

FAOによると、2006年の世界における木材消費量は、燃料がおよそ19億m³、産業用素材およそ16億m³であり、それを加工した製材品4億m³、合板等3億m³となっています。また、製紙用パルプ2億トン、紙および板紙は3億6千万トンの消費量です。

特にアフリカ諸国では燃料としての利用が多くを占め、生産される丸太の9割ほどが使用されています。アフリカでは東部、西部を中心に木材の燃料としての消費量が増加傾向にあり、2006年の消費量は5億9千万m³でしたが、2020年には8億5千万m³に増加すると推測されています。

アジアについて、燃料が木材生産全体に占める比率が南アジア地域では93%(2006年)、東南アジア地域では73%(同)と高くなっています。一方で、西アジア諸国では消費量が減少傾向であり、アジア全体でみると燃料用木材消費量は減少傾向にあります。

ヨーロッパ諸国では、気候変動の防止や化石燃料の価格高騰などを背景として、1990年代半ばにエネルギー消費量全体に占める再生可能エネルギーの比率を増やす政策が導入され始めました。その結果、小規模の暖房・発電に用いる木質ペレットに対する需要増大を促し、スウェーデンは世界有数の木質チップやペレットの生産国になっています。

南北アメリカ地域の家庭における木材燃料の消費量について、南米が減少傾向にある一方、中米で増加傾向にあります。都市化の進展と、化石燃料やバイオ燃料の使用量が増加しているためです。また、アメリカ、カナダ、メキシコのエネルギー消費量全体に占める比率は3～5%ですが、エネルギー消費量の大きなアメリカでは、燃材消費量だけでも3,800万m³にも達しています。

81 国産広葉樹材の用途

(正答率43%)

国産広葉樹材の最大の用途は紙の原料ですが、広葉樹材の需要量全体に占めるその割合はどのくらいでしょうか？

①1割　③5割
②3割　④7割

2010年の国産広葉樹材の需要量は、しいたけ原木53万m³、合板用1万m³、製材用13万m³に対し、パルプ・チップ用は226万m³と国産広葉樹材需要量全体の4分の3を占めています。パルプ・チップ用の国産広葉樹材のほとんどは天然林低質材ですが、1980年代後半よりその量は大きく後退しました。それに代わって広葉樹チップ輸入が1990年代より増加し、特にオーストラリアやチリ等から、ユーカリやアカシア等の早生樹植林木（人工林）のチップが大量に輸入されています。

また、2000年代より主にスギやカラマツで製造される厚物合板の生産量が増加する一方、広葉樹材の合板用材としての需要が減少しました。製材用としては、フローリング材や家具材、食器や楽器などの用途があります。しいたけ原木用としては、しいたけの輸入量の増加や菌床栽培による生産の増加などにより、その需要が減少しています。

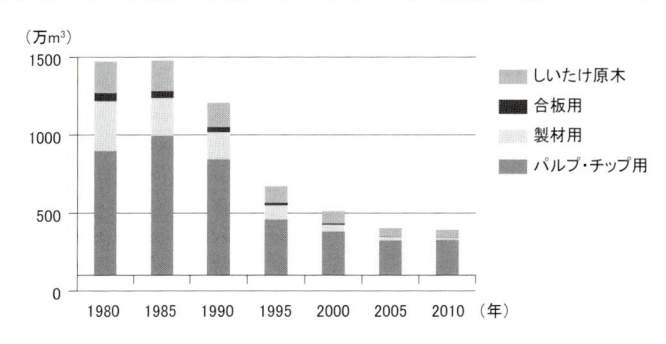

広葉樹の部門別需要量（森林・林業白書より）
資料：森林・林業白書 平成24年版

82 丸太の売買

(正答率86%)

買い手を定期的に集めて丸太を競りによって売買する場を何と言うでしょうか？

　①原木市売市場（げんぼくいちうりいちば）
　②製品市売市場（せいひんいちうりいちば）
　③製材工場土場（せいざいこうじょうどば）
　④素材生産土場（そざいせいさんどば）

　林業の目的は木材を生産し、収入を得ることです。森林から収入を得るには、立木のまま木を売る方法と、立木を伐採して丸太にして売る方法があります。立木を伐って丸太（素材）にすることを素材生産といい、それを行う人たちを素材生産業者と呼んでいます。素材生産は立木を丸太という商品にする重要な作業で、その際に直径や曲りの有無を見ながら何メートルの長さの丸太にするかを決めます。

　日本で生産された丸太の大半は、原木市売市場（原木市場、木材市売市場）に運ばれて、そこで樹種、径級、長さ、曲がりの程度などで仕分けされて、販売単位ごとに椪（はい）積みされ、競りにかけられます（写真）。樹種のみならず、丸太の太さや曲りの有無等により価格に差が生じます。

　近年、丸太の買い手である木材加工業が規模拡大するにつれて、たとえば丸太の供給者と製紙工場や合板工場とが、売買価格や規格、数量を前もって協議するなど、原木市売市場を通さずに取引することが増えています。

競りの準備をする原木市売市場

83 キノコの生産額

(正答率60％)

キノコ類の中で国内生産額が最も大きなものはどれでしょうか？
① 生しいたけ
② ぶなしめじ
③ えのきたけ
④ まつたけ

えのきたけや生しいたけなどのキノコは、工場による生産に適した菌床栽培（おがくずや米ぬかなどによる栽培）の技術が普及し、菌床栽培が広まるとともに一年中食卓に並ぶようになりました（写真）。日本では、長野県、新潟県、福岡県などがキノコの主な産地です。

日本における2012年の栽培きのこ類生産額はおよそ1,932億円で、同年の木材生産額1,933億円とほぼ同額です。

生産額の内訳は、生しいたけ546億円、ぶなしめじ421億円、えのきたけ335億円、まいたけ219億円です。年間生産量ではえのきたけが最も多く13万トン、ぶなしめじ12万トン、生しいたけ6万6千トンと続き、まいたけは4万3千トンとなっています（図）。

秋の味覚の代名詞として知られるまつたけの年間生産額は6億3千万円、生産量は16トンです。まつたけは天然であるために、生産量としてはとても少ないことがわかります。

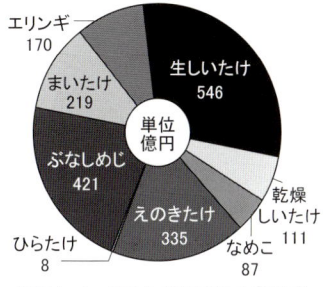

栽培キノコ類の生産額の割合（2012）
資料：農林水産省「平成24年林業産出額」

生しいたけ 　　ぶなしめじ 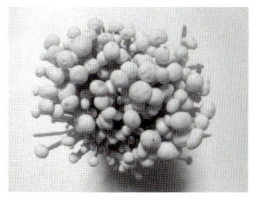　　えのきたけ

84 森林に関する国際機関

(正答率70％)

国際連合の中で森林や木材生産、木材貿易を所管する専門機関の略称を何というでしょうか？

①FAO　②FAOSTAT　③FRA　④UN_REDD

　FAOは、正式名称を国際連合食糧農業機関Food and Agriculture Organization of the United Nationsといい、国連専門機関のひとつとして1945年に設立されました。本部はイタリアのローマにあります。加盟国は196カ国（2準加盟国含む）と EU（欧州連合）（2013年7月現在）です。FAOは、世界の人々の栄養と生活水準の向上、食糧・農林水産業の生産流通の改善、農村住民の生活改善を通じて、世界経済発展への貢献と人類の飢餓からの解放に取り組んでいます。その活動は、世界の食料・農林水産業に関する情報収集提供、政策提言、国際会議開催、開発援助と多面にわたります。

　世界200カ国以上の食糧・農林水産業のオンライン統計データベース「FAOSTAT」を運用しており、ここには丸太や製材、ボード、紙パルプなど林産物の生産・貿易データがあります。他にも、各国の森林資源状況の収集調査「Global Forest Resources Assessments (FRA)（世界森林資源評価）」、森林・林業の現状と政策動向のレポート「State of the World's Forests（世界森林白書）」、林業セクター見通し研究など、森林・林業に関する包括的で重要な情報を提供しています。また、UN-REDD（途上国における森林減少・劣化による温室効果ガス排出の削減に関する国連の協力イニシアティブ）など国際的課題への取り組みや、森林管理ガイドライン、木材のエネルギー利用、病害虫防除、森林火災制御、農村住民の参加型林業など各国・地域への支援協力を行っています。最近では、途上国の森林や森林政策の報告能力向上を支援する国連森林フォーラムプロセス支援プログラムを実施するなど、森林・林業の持続的な発展をめざす活動をしています。

世界林業白書

森林と人との関わりについて学ぼう

85 森林・林業と伝統的工芸品

(正答率38％)

2013年現在、伝統的工芸品に指定されている木工品・竹工品は何品目あるでしょうか？
① 31品目
② 310品目
③ 3,100品目
④ 31,000品目

伝統的工芸品とは、経済産業大臣が「伝統的工芸品産業の振興に関する法律」に基づいて指定した物品です。2013年12月現在、織物や陶磁器など218品目あります。そのうち、木工品や竹工品は31品目です。なお、指定品目の一覧は、伝統的工芸品産業振興協会が公表しています。伝統的工芸品の指定条件は、(1)主として日常生活の中で使われているものであること、(2)主要部分が手づくりであること、(3)伝統的な技術又は技法が守られていること、(4)伝統的に使用されてきた天然の原材料が用いられていること、(5)産地が形成されていること、のすべてを満たす必要があります。

伝統的な木工品、竹工品として大臣が指定したものは31品目に過ぎませんが、2013年の調査の結果、それ以外のものを含めると159品目が確認されました。

わが国には、地域の森林資源を有効にかつ持続的な活用を図るという考えのもとに育林・伐出・加工の各段階において様々な知恵や技術が育まれ、それぞれの地域に受け継がれる伝統的工芸品もまた、継続的に生産されてきました。しかし、その多くが代替品の登場や後継者不足などの問題に直面しており、経営不振に陥るなど、とても厳しい現状にあります。けれども、伝統的工芸品を、山村の生業や地場産業として、森林や林業、山村の活性化に役立てることも大切なことではないでしょうか。

86 ロウソクも森林から

(正答率59％)

日本の伝統的なロウソクの原料である木蝋（もくろう）を採取することができる樹木（木の実）はどれでしょうか？

① クルミ
② マツ
③ ハゼノキ
④ トチ

ロウソクは現在でも、誕生祝いのケーキやクリスマスの飾り付け、仏壇の灯明などによく使われています。

現在使われているロウソクの多くは、石油を原料とする「石油パラフィン」から作られていますが、もともとは自然の原料から作られていました。ヨーロッパでは、ミツバチの巣から得られる蜜蝋やマッコウクジラの頭の脂（脳油）を原料とする「洋ロウソク」が主流でしたが、わが国では、木の実から得られる「木蝋（はぜ蝋とも）」を原料とする「和ろうそく」と呼ばれるものが使われてきました。写真のように、細長く伸びた炎の形が特徴的です。

木蝋生産に用いられるのは、ウルシ科のハゼノキやウルシの実（果皮）から採取した脂肪（主成分はパルミチン酸グリセド）です。採取したハゼノキの実を搾ったままのものを「生蝋(きろう)」、それを天日で晒したものを「白蝋(はくろう)」といいます。ロウソクの他にも、家具などの艶出しや防水など、様々な用途に用いられてきました。用途や使用量は限られてきましたが、現在でも愛知県を中心に、京都府、滋賀県、福井県、石川県などで生産が続けられています。

和ろうそく

87 貨幣と樹木

(正答率54%)

次の樹木の中で、貨幣に描かれているものはどれでしょうか？

① ウメ
② キリ
③ イチョウ
④ スギ

貨幣には、日本人に親しみのある植物や文化財などがデザインされています。現在発行されている貨幣にも植物が図柄として採用されているものが少なくありません。500円貨幣の表面に桐（花と葉）、裏面に竹（葉）と橘、100円の表面に桜、50円貨幣の表面に菊、10円貨幣の裏面に常磐木、5円貨幣の表面に稲穂、裏面に双葉、1円貨幣の表面に若木という具合です。どの植物も私たちの日常に深く関わっています。なお、貨幣の表裏は法律で決まっているわけではありませんが、造幣局では年号のある方を裏とよぶそうです。ちなみに、紙幣には植物の図柄は少なく、現在の千円券の裏面には富士山と桜が描かれているのみです。

桐（キリ）は伝統的に神聖な木として位置づけられ、日本国政府は桐紋章を用いています（図）。私たちは叙勲のニュースで「桐花大綬章」を目にしますので、想像に難くないのではないでしょうか。家紋や紋章に取り入れられており、大学や高等学校などの校章にもみられます。また、桐は軽量で良質な木材としてタンスや下駄、筝、金庫などの材料にも用いられてきました。かつて婚礼に当たって桐タンスの需要が増したこともあります。こうしたことから、輸入関税の課せられる唯一の丸太がキリになっているのかも知れません。

日本国政府の紋章「桐花紋」

88 都道府県の木

(正答率56%)

都道府県の木に採用されている一番多い樹種は何でしょうか？
- ①マツ類
- ②スギ
- ③ヒノキ
- ④マダケ

　都道府県は、木、花、鳥などのシンボルをそれぞれ条例等で制定しています。日本列島は南北に長く、亜寒帯から亜熱帯まで、様々な気候帯に様々な樹木が成育しているため、都道府県の木も多様です。一番多く採用されているのはエゾマツやアカマツ、クロマツなどのマツ類です。宮崎県では県の木を3樹種、長崎県と鹿児島県では2樹種制定していますが、長崎県の場合は県の花木をツバキ、県の林木をヒノキと制定しています。

都道府県の木

都道府県	木	都道府県	木	都道府県	木
北海道	エゾマツ	福井県	マツ	山口県	アカマツ
青森県	ヒバ	山梨県	カエデ	徳島県	やまもも
岩手県	ナンブアカマツ	長野県	シラカバ	香川県	オリーブ
宮城県	ケヤキ	岐阜県	イチイ	愛媛県	マツ
秋田県	アキタスギ	静岡県	モクセイ	高知県	ヤナセスギ
山形県	サクランボ	愛知県	ハナノキ	福岡県	つつじ
福島県	ケヤキ	三重県	神宮スギ	佐賀県	クスノキ
茨城県	ウメ	滋賀県	もみじ	長崎県	ヒノキ
栃木県	トチノキ	京都府	北山杉		ツバキ
群馬県	クロマツ	大阪府	イチョウ	熊本県	クスノキ
埼玉県	ケヤキ	兵庫県	クスノキ	大分県	ブンゴウメ
千葉県	マキ	奈良県	スギ	宮崎県	フェニックス
東京都	イチョウ	和歌山県	ウバメガシ		ヤマザクラ
神奈川県	イチョウ	鳥取県	ダイセンキャラボク		オビスギ
新潟県	ユキツバキ	島根県	クロマツ	鹿児島県	カイコウズ
富山県	立山杉	岡山県	アカマツ		クスノキ
石川県	アテ	広島県	モミジ	沖縄県	リュウキュウマツ

出典：林野庁ホームページ

89 日本三大美林

(正答率62%)

天然林の日本三大美林といえば、青森ヒバ、秋田スギとあとひとつは何でしょうか？

①尾鷲ヒノキ
②木曽ヒノキ
③屋久スギ
④吉野スギ

古くから「三大美林」と称された森林が、天然林と人工林のそれぞれに存在し、森林造成や林業のお手本となってきました。

天然林では、青森ヒバ（青森県）、木曽ヒノキ（長野県）、そして秋田スギ（秋田県）を、人工林では、天竜スギ（静岡県）、吉野スギ（奈良県）、尾鷲ヒノキ（三重県）をそれぞれ「三大美林」と呼んできました（写真）。

青森ヒバの森林は、寒冷な気候とヒバ自身の成長もあまり早くないことから、300〜600年もの時間をかけて育った大木で構成されます。ヒバは殺菌成分を多く含み、耐水性も高いことから優れた建築材料として古くから利用されてきました。

木曽ヒノキの森林は、250〜300年の大木から構成されます。木材は、木目の美しさと強い材質を活かし、法隆寺（奈良県）や伊勢神宮（三重県）等にも用いられ、世界的な優秀材として名をとどろかせています。

秋田スギの森林は、1602年に、当時の出羽国の久保田藩藩主が商品価値の高い秋田スギの保護育成・管理政策を開始したことが起源だといわれています。木材は、天井板や腰板等の建築部材の他、伝統工芸品である曲げワッパや桶・樽等に利用されます。

90 磨き丸太の産地

(正答率37%)

磨き丸太の産地として知られているのは次のうちどこでしょうか？

①北山林業地（京都府）
②青梅林業地（東京都）
③木曽林業地（長野県）
④金山林業地（山形県）

磨き丸太とは、伝統的な日本家屋の床柱や軒下に架け渡される丸桁などに用いられる、意匠性の高い建築部材です。スギの外樹皮を剥がした丸太の表面を川砂等を用いて平滑に磨き上げることで、艶のある美しい木肌を際立たせた丸太です（写真）。とくに、表面に工芸的価値のある凸凹をもつ絞り丸太は磨き丸太に加工することが多い材料です。

京都の北山林地は、こうした木材の生産を長年にわたって行ってきました。「北山杉」と呼ばれるスギは、1300年頃から北山林業地帯で栽培され、まっすぐに育ち、木肌が滑らかで節が少ないといった特徴をもっています。江戸時代には既に銘木として知られ、茶室や数寄屋造等の歴史的建造物にも多く使用されていたようです。

東京都にも磨き丸太の産地が存在しました。東京府下豊島郡高井戸村（現在の東京都杉並区高井戸）を中心として、江戸時代に発展した、スギを中心とする育成林業地である「四谷丸太林業地」です。

磨き丸太の他、工事現場等で多用された足場丸太等を主に生産し、江戸の街の発展を支え、とくに磨き丸太は江戸に雅な風を送っていたようです。残念ながら東京の発展に伴い、昭和初期には消滅してしまいましたが、江戸・東京という世界に冠たる大都市に林業地が存在し、磨き丸太という見て楽しむための木材生産が行われていたとは驚きですね。

磨き丸太

91 タケの分布と利用

(正答率61％)

竹に関する記述として妥当なものは次のうちどれでしょうか？
① 日本の竹林面積は森林面積の約6％である
② 日本の竹林面積が最も広い都道府県は北海道である
③ 日本で最も多く生産される竹はモウソウチクである
④ 日本で消費されるタケノコの9割以上が韓国からの輸入である

竹は、アジア各地に広く分布し、日本でも昔から身近な資材として生活に利用されてきました。日本の竹林面積は約16万ha（2007年）で、森林面積の約0.6％にあたります。竹林面積の最も多い都道府県は鹿児島県です。

モウソウチク、マダケ、ハチクが日本の三大有用竹で、モウソウチクが最も多く生産されています。しかし、近年は、プラスチックなどの代替品の普及や安価な輸入品の増加等によって竹材の需要は年々減少し、国内生産量も激減しています。タケノコの生産量も激減しており、90％近くが中国からの輸入です。このため竹林の適正な管理が困難となっており、全国で放置竹林の増加や里山周辺林への竹の侵入等の問題が生じています。

竹は、常緑性の多年生植物で、毎年、地下茎から新しい竹を発生させ、わずか数カ月で立派な竹に成長します（写真）。1日に120cm伸びたという記録もあります。竹は木材とほぼ同様の成分で構成されていますが、形成層（根や茎などの肥大を起こす分裂細胞組織）がないため、樹木のように二次肥大成長（伸長後に横方向に肥大すること）はしません。竹の寿命は20年ほどで、竹材として利用するのは3～5年生の竹が最良とされています。

竹材は、軸方向に組織が並び、表皮に近いほど繊維の密度が高いため、強度が集中し、しなやかで折れにくい性質をもっています。一方、軸方向には割れやすく、節と節の間が一気に割れることから、勢いがはげしいことを「破竹の勢い」と表現します。

タケ林

92 重い丸太を軽く

(正答率26％)

50年ほど前まで行われていた、伐採現場における丸太の乾燥方法は次のうちのどれでしょうか？

① 厘（りん）
② 椪（はい）
③ 浜（はま）
④ 索（さく）

森林内で伐採されたばかりの樹木は、多くの水分を含みとても重たいものです。冬季に伐採したものは、夏季に伐採したものに較べてずいぶんと軽く、木肌（製材した後の表面）も美しいため、冬季に伐採することが好まれています。

しかし、50年ほど以前には、伐採したスギやヒノキの樹皮（外樹皮）も、屋根の材料や燃料として有効に活用されたため、樹皮を剥ぎやすい夏季に伐採されることも多くありました。

そこで、少しでも運びやすくするために、伐採前にできるだけ樹皮を剥ぎ、その後に伐採し、伐採現場で棚状に積み上げて乾燥させる方法である「厘」が長野県木曽地方等で考案されました。厘を用いて乾燥させた丸太は、軽いばかりではなく、木肌も美しくなりました。このように、知恵に富んだ方法ですが、林業機械による集材やトラックによる輸送、なによりも急いで丸太を運び出す性急さが森林から厘の姿を消し去りました。

ちなみに、「椪」は、同じ太さ・長さに揃えられて積まれた丸太のひとかたまり、「浜」は、市売りのために木材等の商品を陳列する区画、「索」は、丸太を搬出するために山地に張られるケーブルを指します。

厘を用いて乾燥させた丸太

93 山村の現状と森林・林業

(正答率42%)

2013年現在、「山村振興法」に基づく「振興山村」は、全国の市町村数のおよそ何パーセントを占めるでしょうか？

① 10％
② 20％
③ 30％
④ 40％

山村振興法では、「振興山村」を「林野面積の占める比率が高く、交通条件及び経済的、文化的諸条件に恵まれず産業の開発の程度が低く、かつ住民の生活文化水準が劣っている山間地、その他の地域で法令に定める要件に該当するもの」と定義しています。林野面積が75％以上の市町村がこの法律の対象となります。

2013年現在、734の市町村が「振興山村」に指定されており、全国にある1,719市町村の42.7％を占めています。これら振興山村が総国土面積に占める割合は約50％に及ぶとても大きなものです。また、これら振興山村にはわが国の総森林面積の60％が位置することも重要なポイントです。

また、「山村」は、臨海村や平野村に対する地形状の意味と、農村・漁村に対する機能上の意味の双方において使われる地域区分の一つです。前者は文字通り山村にある村で、後者は林業のみに依存するものは少なく、農業・牧畜等を兼ねる村として捉えられます。

山村では、農林漁業の衰退や生活環境基盤の整備の遅れ等により、若年層を中心に人口の流出が著しく、過疎化と高齢化が急速に進んでいます。このままだと、山村における集落機能の低下や集落そのものの消滅につながりかねない状況にあります。また、これら状況から、適正な整備・保全が行われない森林が増加しており、森林の有する多面的機能の発揮に影響を及ぼすことも懸念されています。現在、里山林の保全活動や広葉樹の薪等のバイオマス利用など、森林資源を活用した新たな地域の取り組みを創出する試みが各地で行われています。

94 共同で利用する森林

(正答率39％)

近隣の住民が共同で利用し、木材や山菜、きのこ等を採取する森林は何と呼ばれていたでしょうか？

①屋敷林
②分収林
③入会林
④部分林

特定地域の住民が入会権に基づいて共同で利用し、林産物を採取する森林は入会林（いりあいりん）と呼ばれて全国に存在していました。同じような土地利用は世界各地でみられ、ヨーロッパではコモンズと呼ばれて発達してきました。

こうした利用形態は、森林ばかりではなく、茅葺き屋根の原料を採取する「かや場」や牛馬の餌などを採取する草地は「入会草地」と呼ばれるなど、様々な土地（自然）でみられました。

特定の誰かの所有物ではなく、一定地域の住民が、その集団の規則に従って皆の共通の財産としてもち（総有）、その土地の産物を共同利用する慣習的な制度は、森林の管理や林業生産が困難になってきた現在、見直される価値のある制度ではないでしょうか。経済学者の宇沢弘文が提唱する「社会的共通資本」という考え方にも通じる社会の仕組みであるといえます。

「入会林野等に係る権利関係の近代化の助長に関する法律」という1966年に制定された法律によって、入会林は制度上認められなくなり、入会林に代わり多くの「生産森林組合」が設立され、現在に至っています。

ちなみに、「生産森林組合」とは、森林組合のひとつであり、組合自体が森林を所有し、組合員が共同で管理・経営にあたる組織です。多くの生産森林組合は少しずつ性格を変えてきていますが、特に入会林の性質を強く残すものは「入会的生森」（いりあいてきせいしん）と通称されています。

95 国民の森林への期待

(正答率59%)

2011年に実施された内閣府の世論調査の結果、森林にどのような役割を期待する声が最も大きかったでしょうか？
① 山崩れや洪水などの災害を防止する働き
② CO_2を吸収することにより、地球温暖化防止に貢献する働き
③ 水資源を蓄える働き
④ 住宅用建材や家具、紙などの原材料となる木材を生産する働き

内閣府では、国民の意見の動向を明らかにすることを目的として「世論調査」と呼ばれる統計的社会調査を実施しています。実に様々なテーマが扱われていますが、その中の一つに「森林と生活に関する世論調査」があります。1976年に第一回の調査が行われて以来、繰り返し実施されています。その結果、「森林に親しみを感じる」とする人々が全体の90％を占めることなどが確認されてきました。

こうした中で、森林に期待する声については、下の図にあるような多様な選択肢の中で、「山崩れや洪水などの災害を防止する働き」が2011年調査では48.3％と最も高くなっています。また、2007年調査と比較すると、「木材を生産する働き」に対する期待が高まっています。

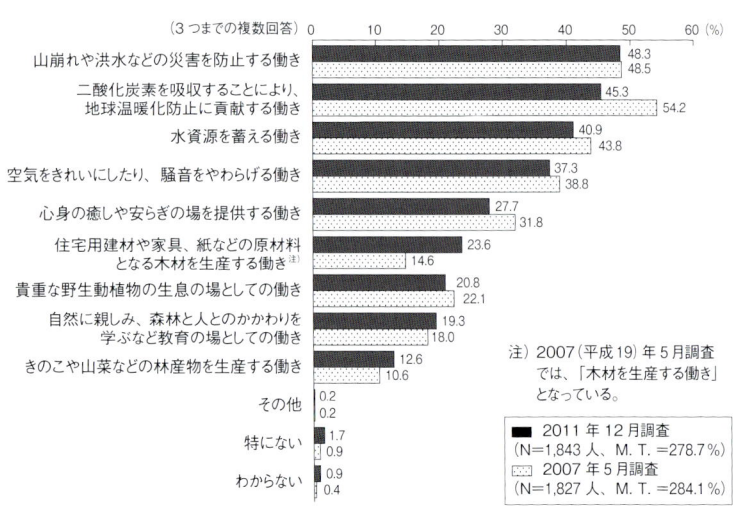

働き	2011年12月調査	2007年5月調査
山崩れや洪水などの災害を防止する働き	48.3	48.5
二酸化炭素を吸収することにより、地球温暖化防止に貢献する働き	45.3	54.2
水資源を蓄える働き	40.9	43.8
空気をきれいにしたり、騒音をやわらげる働き	37.3	38.8
心身の癒しや安らぎの場を提供する働き	27.7	31.8
住宅用建材や家具、紙などの原材料となる木材を生産する働き(注)	23.6	14.6
貴重な野生動植物の生息の場としての働き	20.8	22.1
自然に親しみ、森林と人とのかかわりを学ぶなど教育の場としての働き	19.3	18.0
きのこや山菜などの林産物を生産する働き	12.6	10.6
その他	0.2	0.2
特にない	1.7	0.9
わからない	0.9	0.4

(3つまでの複数回答)

注) 2007(平成19)年5月調査では、「木材を生産する働き」となっている。

■ 2011年12月調査 (N=1,843人, M.T.=278.7％)
▫ 2007年5月調査 (N=1,827人, M.T.=284.1％)

森林に期待する働き

96 土砂崩れを防ぐ森林

(正答率39%)

森林には土砂が山地から流れ出すことを防ぐ働きがあります。この機能を期待して設置される保安林(土砂流出防備保安林)は、国内の森林面積のうちどの程度を占めるでしょうか？

① 約10％
② 約30％
③ 約60％
④ 約80％

「保安林」とは、森林法第25条に基づき、水源の涵養（洪水緩和、水資源貯留、水質浄化）、土砂の崩壊その他の災害の防備、生活環境の保全・形成等、特定の公共目的を達成するために設置・指定される森林です。農林水産大臣または都道府県知事が指定することとされています。それぞれの目的に沿った機能を確保するため、立木の伐採や土地の形質の変更等が規制されます。保安林は17種類に分けられ、それぞれが公益目的の達成のために指定されます。

生活や生産に必要な水を蓄える「水源涵養保安林」や「干害防備保安林」、魚類の生育を助ける「魚つき保安林」、飛行機の航行の目標とされる「航行目標保安林」、山地からの土砂の流出を抑え、山地崩壊を食い止める「土砂流出防備保安林」や「土砂崩壊防備保安林」等が代表的なものです。このうち、「土砂流出防備保安林」は、樹木や地表の植生等が地表を覆うことによって、林地の表面侵食や崩壊による土砂流出を防止することを期待して設置される保安林です。

国内の森林は、総国土面積の約70％を占めていますが、そのうちの約50％（国土面積の約30％）が保安林に指定されています。保安林のうちの約20％（総森林面積の約10％）が「土砂流出防備保安林」となっています。ちなみに、最も大きな面積をもつ「水源涵養保安林」は全保安林面積の約70％（総森林面積の約35％）を占めています。

97 白神山地

(正答率48%)

白神山地が世界遺産(自然遺産)に登録されたのはいつでしょうか?

　①1973年　　③1993年
　②1983年　　④2003年

「白神山地」は、秋田県北西部と青森県南西部にまたがる山地帯の総称です。ここには世界最大級の原生的なブナ林が分布しているほか、チシマザサなどの林床植物、クマゲラ、ニホンカモシカ、ツキノワグマ、ニホンザルなどが生息しており、貴重な生態系が保たれています。

高度経済成長期には全国的に天然林の伐採が進み、白神山地では中央部を縦断する「青秋林道」が青森県・秋田県が事業主体となり1982年に着工されました。しかし、地域住民等から天然林等に対する保護の要請が高まり、林野庁は1990年に中心部を森林生態系保護地域に設定し、林道の建設は中止されました。そして、1993年12月に屋久島とともに日本で初めての世界遺産(自然遺産)に登録されました。白神山地の世界遺産登録区域はその全域が国有林であり、約1万7千haが森林生態系保護地域に設定されているほか、大部分が自然環境保全地域、一部が自然公園に指定されています。

現在では、環境省、林野庁、文化庁、青森県及び秋田県が白神山地世界遺産地域管理計画を策定し、世界自然遺産登録時に評価された白神山地の顕著な普遍的価値(クライテリア:生態系)である東アジア最大の原生的なブナ林とその生態系を、将来にわたって保全していくことを目標とした管理を行っています。具体的には、遺産地域を、特に優れた植生を有し人為の影響をほとんど受けていない核心地域と、核心地域の周辺部の緩衝帯としての役割を果たす緩衝地域に分けて管理を行っており、核心地域では既存の歩道を利用した登山等を除き立ち入りが制限され、人手を加えず自然に推移に委ねることとしています。緩衝地域についても現状の保全を基本としており、森林の文化・教育的利用の場等として利用されています。

98 子どもたちの団体

(正答率76%)

全国各地で結成されている、緑と親しみ、緑を愛し、緑を守り育てる活動を行う子どもたちの団体のことを何というでしょうか?
①森の少年団　③山の少年団
②林の少年団　④緑の少年団

次代を担う子どもたちが緑と親しみ、緑を愛し、緑を守り育てる活動を通じて、故郷を愛し、人を愛する心豊かな人間に育っていくことを目的とした団体を「緑の少年団」といいます。1960年、国土緑化推進委員会(現在の国土緑化推進機構)が「グリーン・スカウト」の名称で緑化を実践する少年団の結成を呼びかけ、1975年以降に全国的に拡大しました。小・中学生を対象とした活動で、学校単位や地域単位で構成されています。2013年1月現在の団体規模は、3,635団体、33万人となっています。

緑の少年団は、その地域の実情に基づいて活動計画を立て、その実践活動を通して緑化活動を推進しています。活動内容として、森林・林業に関する学習活動、募金活動や学校内の花壇への植栽や植樹などの緑化活動、森林作業体験、ハイキングやキャンプ、オリエンテーリングなどのレクリエーション活動などがあげられます。

これとは別に、小学校、中学校、高等学校等において、学校の基本財産形成や児童・生徒への環境に関する教育、体験活動を目的に、学校が保有している森林を学校林といいます。学校林の造成は、戦後の国土復興運動の一環として、森林資源の確保、愛護思想の普及、公共福祉への寄与などの林政・教育上において重要なものとして推進されました。2011年現在、全国2,677校で所有されており、その面積は合計1万7,777haです。下刈りなどの管理作業の他に、木材利用としての伐採、林業教育としての間伐や枝打ちなどの林業の内容や、総合的な学習の時間での利用として学校林が活用されています。しかし、古い学校林においては、その所有目的が学校の基本財産の形成や建築資材の確保を目的としたものが多く、針葉樹主体であったり学校から遠かったりするため、学習活動としての利用が難しいことが課題です。

99 募金による森林整備

(正答率95%)

1950年より国土緑化運動の一環として、国民の募金によって森林の整備や緑化の推進の活動が行われています。この募金活動のことを何というでしょうか？

　①森の募金　　③山の募金
　②林の募金　　④緑の募金

街角や商店などで緑色の募金箱を見かけることがあります。この活動は、1950年より「緑の羽根募金」として始まりました。1995年には、緑の募金による森林整備等の推進に関する法律が制定され、現在では国土緑化推進機構と都道府県緑化推進委員会が「緑の募金」運動として進めています。

緑の募金で国民より集められた募金は、国民、事業者、民間の団体による森林の整備、緑化の推進およびそれらの国際協力に充てられることが法律によって定められています。2012年の募金額は25億円に上ります。一般公募により森林ボランティア団体等へ交付金が助成され、国内外の森林の整備（植栽、下刈り、間伐等の作業）や、森林の整備と連携して行う林業・森林土木技術の研修、普及啓発活動などに活用されています。この募金の成果として、2011年には国内の苗木の植え付け・配布本数277万本、森林の整備面積1,941ha、海外における苗木の植え付け・配布本数117万本、森林の整備面積758haに達しています。

緑の募金シンボルマークとキャラクター（国土緑化推進機構ホームページより）

100 国土緑化運動

(正答率61%)

1950年に開始された国土緑化運動の中核的な行事で、国土の緑化や森林保護に対する国民の意識を高めることを目的とした祭典は次のうちどれでしょうか？

① 全国植樹祭 　　③ みどりの感謝祭
② 全国育樹祭 　　④ 農林水産祭

地球温暖化防止や生物多様性保全のために、「木を植えて、育てて、収穫して、上手に使って、また植える」という『森づくりの循環』を推進するために、①～③の中心的な緑化行事が行われています。

3つの緑化行事のイメージ
（国土緑化推進機構ホームページより）

① 全国植樹祭は、国土緑化推進機構と開催都道府県の共催で1950年から毎年春に行われています。天皇皇后による「お手植え・お手まき」や参加者による記念植樹、緑化功労者の表彰等を通して、「木を植える」ことの重要性を国民に啓発しています。

② 全国育樹祭は、国土緑化推進機構と開催都道府県の共催で1977年から毎年秋に、過去に全国植樹祭が開催された都道府県で行われています。皇太子同妃による「お手入れ」（全国植樹祭において「お手植え・お手まき」により成長した木の枝打ち等）や参加者による育樹活動等を通して、「木を育てる」ことの重要性を国民に啓発しています。

③ みどりの感謝祭は、「みどりの月間」（4月15日から5月14日）の締め括りとして、「みどりとふれあうフェスティバル」の開催を通して、森の恵みを感謝しながら暮らしの中に取り入れていくことを呼びかけるために開催されています。

また、④農林水産祭は1962年以降、全国民の農林水産業に対する認識を深め、農林水産業者の技術改善及び経営発展の意欲の高揚を図るため、国民的な祭典として行われています。

正　答
*解答用紙はp.8

●森林資源の豊かさを学ぼう

問題	①	②	③	④	正答率
1		○			45%
2	○				17%
3		○			48%
4		○			64%
5				○	54%
6			○		27%
7	○				18%
8				○	60%
9			○		56%
10		○			67%
11		○			50%
12			○		34%
13			○		39%
14				○	27%
15					35%

●樹木のふしぎを学ぼう

問題	①	②	③	④	正答率
16			○		48%
17			○		46%
18		○			40%
19				○	59%
20				○	32%
21	○				39%
22		○			48%
23		○			62%
24		○			69%
25	○				40%
26			○		25%

●森林を育てる作業を学ぼう

問題	①	②	③	④	正答率
27	○				52%
28				○	48%
29			○		69%
30	○				34%
31	○				83%
32			○		88%
33				○	43%
34			○		71%
35		○			37%
36				○	44%
37		○			76%
38		○			80%
39				○	91%
40		○			50%
41			○		57%

●木材の収穫を学ぼう

問題	①	②	③	④	正答率
42	○				68%
43				○	69%
44	○				60%
45	○				86%
46	○				24%
47		○			36%
48			○		57%
49				○	80%
50				○	50%
51		○			43%
52				○	40%

●森林を育てる担い手について学ぼう

問題	①	②	③	④	正答率
53				○	37%
54		○			58%
55		○			53%
56			○		29%
57		○			55%
58		○			76%
59		○			87%
60	○				31%
61		○			18%
62		○			43%
63			○		50%

問題	①	②	③	④	正答率
64			○		50 %
65			○		33 %
66	○				96 %
67				○	79 %

問題	①	②	③	④	正答率
97			○		48 %
98				○	76 %
99				○	95 %
100	○				61 %

●木材の流通と貿易について学ぼう

問題	①	②	③	④	正答率
68		○			75 %
69		○			63 %
70	○				19 %
71		○			55 %
72	○				28 %
73				○	68 %
74			○		57 %
75			○		65 %
76			○		46 %
77		○			60 %
78			○		34 %
79			○		67 %
80	○				56 %
81				○	43 %
82	○				86 %
83	○				60 %
84	○				70 %

●森林と人との関わりについて学ぼう

問題	①	②	③	④	正答率
85	○				38 %
86			○		59 %
87		○			54 %
88	○				56 %
89		○			62 %
90	○				37 %
91			○		61 %
92	○				26 %
93				○	42 %
94			○		39 %
95	○				59 %
96	○				39 %

索　引

数字は問題番号

あ行

安全教育　67
違法伐採　74
育林経費　36
入会林　94
植え付け　29
運材　46
枝打ち　32
FAO　84

か行

攪乱　24
貨幣　87
紙　76, 81
関税　72
間伐　31
乾燥　92
胸高直径　34
きのこ　83
キリ　72, 87
現存量　1, 2, 29
原木市売市場　82
光合成　16, 17, 18
合板　79
紅葉　22
呼吸量　19
国有林　54, 62

さ行

山村振興法　93
GIS　40
地ごしらえ　28
下刈り　29
集材　45
樹冠　21
白神山地　97
振興山村　93
人工林　5, 9
浸透圧　20
森林組合　60, 61
森林計画制度　63
森林総合監理士　59
森林と生活に関する世論調査　95
森林認証　64
森林面積　3, 4, 6, 9
遷移　24, 25
全国植樹祭　100
造材　45
壮齢林　26
測樹　39
素材生産量　8

た行

択伐　37, 42
タケ　91
チェーンソー　43, 44
適地適木　41
伝統的工芸品　85
天然更新　37
倒木更新　24
都道府県の木　88

な 行

苗木　27，36
日本三大美林　89
燃材　11，12，13，80
農林業センサス　53

は 行

フォレスター　59
不在村山林所有者　56
歩留まり　33
保安林　96
保育作業　29，30，31，32

ま 行

丸太　10
磨き丸太　90
緑の少年団　98
緑の募金　99
木材自給率　68
木材消費量　69，80，81
木材輸出　78
木材輸送船　75
木材輸入　70，71，72，73
木質バイオマス　14，15
木蝋　86

や 行

野生動物　38
雪起こし　30
用材　11

ら 行

落葉樹　23
立木価格　35
林家　54，55，56
林業機械　48，49，50
林業従事者　57，58

林道　51，52
労働災害　65，66

わ 行

割り箸　77

参考文献等

本書全般
1) 東京農工大学農学部森林・林業実務必携編集委員会編：森林・林業実務必携第4版、朝倉書店(2007)
2) 林野庁編：森林・林業白書　各年度版
3) 林野庁編：森林・林業統計要覧　各年度版
4) 林野庁ホームページ：http://www.rinya.maff.go.jp/
5) FAOホームページ：http://www.fao.or.jp/

森林資源の豊かさを学ぼう
1) FAO：FRA2010 Global Tables(2012)
2) 日本森林学会監修：教養としての森林学、文永堂出版(2014)
3) 信州大学山岳科学総合研究所：ニュースレター第8号(2007)
4) EUROBSERVER：SOLID BIOMASS BAROMETER(2011)
5) IPCC：第4次評価報告書統合報告書政策決定者向け要約(2007)
6) 林野庁：森林資源の現況(平成19年3月31日現在)(2009)
7) FAO：Yearbook of Forest Products 2011(2013)
8) 林野庁：平成24年木材需給報告書(2013)
9) 森林総合研究所：改訂4版　木材工業ハンドブック、丸善(2004)
10) 林野庁監修：木材生産累年統計(明治32～昭和38年)、林野弘済会(1965)
11) 岩崎誠、坂志朗、藤間剛、林隆久、松村順司、村田功二　編：早生樹―産業植林とその利用―、海青社(2012)
12) 森林総合研究所編：改訂　森林・林業・木材産業の将来予測、日本林業調査会(2012)
13) 久保山裕史：オーストリアにおける木質バイオマスのエネルギー利用、森林技術No.862、14-17(2014)

樹木のふしぎを学ぼう
1) 田中一幸、山中春夫監修：手づくり木工大図鑑、講談社(2008)
2) 中村太士、小池孝良編：森林の科学―森林生態系科学入門―、朝倉書店(2005)
3) 野口弥吉、川田信一郎監修：農学大事典、養賢堂(1987)
4) 平凡社：世界大百科事典改訂版、平凡社(2005)
5) 日本植物生理学会ホームページ：http://www.jspp.org/

6) 北海道立総合研究機構林業試験場ホームページ：http://www.fri.hro.or.jp/
7) 北海道水産林務部：森林機能評価基準
8) Gu L. H. *et al.*：Response of a Deciduous Forest to the Mount Pinatubo Eruption：Enhanced Photosynthesis. *Science* 299：2035-2038(2003)

森林を育てる作業を学ぼう
1) 堤利夫編：造林学、文永堂出版(1994)
2) 林業Wikiプロジェクト編：現代林業用語事典、日本林業調査会(2007)
3) 森林総合研究所北海道支所：持続可能な北方天然林管理をめざして―択伐施業林における施業管理技術―(2011)
4) 北方森林学会編：北海道の森林、北海道新聞社(2011)
5) 加藤正人編著：森林リモートセンシング 第3版―基礎から応用まで―、J-FIC(2010)
6) 全国林業改良普及協会編：低コスト造林・育林技術最前線、全国林業改良普及協会(2013)
7) 湯本貴和編：シリーズ日本列島の三万五千年―人と自然の環境史 第3巻 里と林の環境史、文一総合出版(2011)
8) 梶光一、伊吾田宏正、鈴木正嗣編：野生動物管理のための狩猟学、朝倉書店(2013)
9) 林野庁計画課：立木幹材積表（東日本編）（西日本編）、日本林業調査会(2006)
10) 環境省ホームページ：野生鳥獣の保護管理：http://www.env.go.jp/nature/choju/index.html(2014.1.7取得)
11) 一般財団法人日本地図センター：http://www.jmc.or.jp/

木材の収穫を学ぼう
1) 文部科学省：高等学校用森林科学(2013)
2) 全国林業改良普及協会：林業技術ハンドブック(1998)
3) 上飯坂実、神崎康一編：森林作業システム学、文永堂出版(1990)
4) 中村太士、小池孝良編：森林の科学―森林生態系科学入門―、朝倉書店(2005)
5) 太田猛彦ら編：森林の百科事典、丸善(1996)
6) U・スンドベリ、C.R.シルヴァーサイズ著、神崎康一ら訳：森林生産のオペレーショナル・エフィシエンシー、海青社(1996)
7) 宮崎県環境森林部森林経営課：平成23年度林内路網統計(2012)
8) 全国林業改良普及協会：林業実践ブック(2003)
9) 全国林業改良普及協会：ニューフォレスターズ・ガイド(1996)

10）JTB：時刻表2014年4月号、JTBパブリッシング（2014）
11）農林水産省：平成24年農道整備状況調査（2014）
12）国土交通省：道路統計年報（2012）

森林を育てる担い手について学ぼう
1）志賀和人：21世紀の地域森林管理、全国林業改良普及協会（2001）
2）柳幸広登：「不在村所有の動向と今後の森林管理問題」、志賀和人、成田雅美編著『現代日本の森林管理問題』全国森林組合連合会（2000）
3）立花敏：世界における森林認証制度の展開と日本における活用、住宅と木材34（398）、8-13（2011）
4）立花敏：持続可能な森林経営に向けた森林認証制度の展開と課題、木材情報209、5-9（2008）
5）森林法
6）森林組合法
7）労働安全衛生法
8）労働安全衛生規則
9）農林水産省：森林組合統計
10）林業女子会@京都ホームページ：http://fg-kyoto.jugem.jp/
11）准フォレスター研修・林業専用道技術者研修サイト：http://ringyou-fc.or.jp/about/index.html
12）林業・木材製造業労働災害防止協会ホームページ：http://www.rinsaibou.or.jp/
13）FSCホームページ：https://jp.fsc.org/index.htm
14）SGECホームページ：http://www.sgec-eco.org/
15）林災防茨城支部ホームページ：http://www.wood-ibaraki.jp/rinsaikyo/index.html

木材の流通と貿易について学ぼう
1）日本製紙連合会：紙・板紙統計年報2012年版（2013）
2）TACHIBANA Satoshi et al.：Panel Data Analysis on International Demand for Forest Products, The Role of Forests for Coming Generations—Philosophy and Technology for Forest Resource Management—(Japan Society of Forest Planning Press), edited by Kenji Naito, pp. 71-81（2005）
3）立花敏：欧州における違法な森林伐採・木材取引対策のための新たな局面、山林No.1542、pp.50-51（2012）
4）財務省：輸入統計品目表 実行関税率表（2013年4月版）
5）立花敏：輸入統計品目表（実行関税率表）に見る日本の木材類の輸入関税（上）、山林No. 1547、46-47（2013）

6) 立花敏：木材輸送におけるエネルギー消費、木材情報 No.214、11-14（2009）
7) 立花敏：日本における割り箸の生産と輸入、山林 No.1526、44-45（2011）
8) 立花敏：日本の割り箸輸入、山林 No.1436、48-49（2004）
9) 財務省：貿易統計
10) 立花敏：近年における木材輸出の取り組み、山林 No.1560、52-53（2014）
11) 立花敏：増加の続く中国の家具輸出、山林 No.1519、52-53（2010）
12) FAO：世界森林白書（2009）
13) 農林水産省：木材流通構造調査
14) 農林水産省：平成24年生産林業所得統計
15) 農林水産省：平成24年特用林産基礎資料
16) 立花敏：日本の主要港からの製材品輸出の動向、山林 No.1517、80-81（2010）
17) 立花敏：日本の主要港からの丸太輸出の動向、山林 No.1516、72-73（2010）

森林と人との関わりについて学ぼう

1) 関岡東生編：森林総合科学用語辞典、東京農業大学出版会（2012）
2) 前川洋平、宮林茂幸、関岡東生：「伝統的工芸品産業の振興に関する法律」の効果と課題、東京農業大学農学集報第58巻第2号、85-91（2013）
3) 竹本太郎：学校林の研究、農文協（2009）
4) 相賀徹夫編：大日本百科事典ジャポニカ（第3版）、小学館（1978）
5) 国土緑化推進機構：学校林現況調査報告書（平成23年調査）、国土緑化推進機構（2013）
6) 山下詠子：入会林野の変容と現代的意義、東京大学出版会（2011）
7) 入会林野等に係る権利関係の近代化の助長に関する法律
8) 環境省、林野庁、文化庁、青森県、秋田県：白神山地世界遺産地域管理計画（平成25年10月）
9) 日本植物油協会ホームページ：http://www.oil.or.jp/
10) 伝統的工芸品産業振興協会ホームページ：http://kougeihin.jp/
11) 造幣局ホームページ：http://www.mint.go.jp/
12) 京都府ホームページ：http://www.pref.kyoto.jp/
13) 内閣府ホームページ：http://www.cao.go.jp/
14) 東奥日報社ホームページ「世界遺産白神山地の概要」：http://www.toonippo.co.jp/kikaku/shirakami/gaiyou.html（2014.3.3取得）
15) 国土緑化推進機構ホームページ：http://www.green.or.jp/

INFORMATION

木(き)ここち心理テスト

自分にあった木材や住まい方を知ることができます

　木材選びの基準は人それぞれに違います。自分の暮らしにあった住まいやそこに使われる木材を知ることは、暮らし始めてからの満足を得るために必要なことなのです。「木ここち心理テスト」は、そんな暮らしに対する価値観からうまれるニーズ、特に木材へのニーズを確認するためにお役立ていただけるものと考えています。

木ここち心理テストの使い方

　2つの傾向のうち、どちらの傾向に近いか4段階から選んでください。設問は18問あります。すべてに回答してください。
　花になぞらえた分類と、志向性をグラフ化した結果が表示されます。

木ここち心理テストWebサイト：
URL: http://www.woodforum.jp/test/kikokochi/

木材利用システム研究会について

　木材利用システム研究会は、木材産業のイノベーションによる木材需要拡大を目的として、木材産業界とアカデミアの相互理解と協調の場を築き、木材の加工・流通・利用分野の『マーケティング』『環境評価』『政策』などを対象とした研究、教育、啓発活動を行っています。詳細は、ホームページ（http://www.woodforum.jp/）をご覧下さい。当研究会では、木力検定委員会を設置して、学際的な知見から問題の作成と精査を行うとともに、上記ホームページにて、ウェブ版『木力検定』を公開しています。お試し頂くとともに、ご意見を賜れば幸いです。

　木材利用システム研究会へのご質問・ご連絡などがございましたら、お名前、ご所属を明記の上で、研究会事務局宛に e-メールでお寄せください。info@woodforum.jp

Wood Proficiency Test
Volume 3
100 questions on forests and forestry
edited by
S. Tachibana, H. Kuboyama, M. Inoue and T. Higashihara

木力検定（モクリョクケンテイ） ③ 森林・林業を学ぶ100問

発 行 日	2014 年 10 月 1 日　初版 第 1 刷
定　　価	カバーに表示してあります
編 著 者	立　花　　　敏
	久保山　裕　史
	井　上　雅　文
	東　原　貴　志
発 行 者	宮　内　　　久

海青社 Kaiseisha Press
〒520-0112　大津市日吉台 2-16-4
Tel.(077)577-2677　Fax.(077)577-2688
http://www.kaiseisha-press.ne.jp
郵便振替　01090-1-17991

● Copyright © 2014　● ISBN978-4-86099-302-3 C0037
● 落丁乱丁はお取り替えいたします。● Printed in Japan

本書のコピー、スキャン、デジタル化等の無断複製は著作権法上での例外を除き禁じられています。本書を代行業者等の第三者に依頼してスキャンやデジタル化することはたとえ個人や家庭内の利用でも著作権法違反です。

◆ 海青社の本・好評発売中 ◆

木力検定① 木を学ぶ100問
井上雅文・東原貴志 編著
〔ISBN978-4-86099-280-4/四六判/124頁/952円〕

木を使うことが環境を守る？ 木は呼吸するってどういうこと？ 鉄に比べて木は弱そう、大丈夫かなあ？ 本書はそのような素朴な疑問について、楽しく問題を解きながら木の正しい知識を学べる100問を厳選して掲載。

木力検定② もっと木を学ぶ100問
井上雅文・東原貴志 編著
〔ISBN978-4-86099-288-0/四六判/123頁/952円〕

好評第1巻の続編。再生可能な資源である木材や木質バイオマスの生産と活用の促進が期待される持続可能な社会の構築に向けて、木の素晴らしさや不思議について"もっと"幅広く、やさしく学んで戴ける100の問いを新たに収録。

木力検定④ 木造住宅を学ぶ100問
井上雅文・東原貴志・秋野卓生 編著
〔ISBN978-4-86099-294-1/四六判/123頁/1,000円〕

好評シリーズ第4弾。既刊の木材や林業といった生産に関する事柄から更に発展し、木材利用の観点から、木造住宅に関する100問を収録。材料の選び方、木造住宅の基礎知識、建築法令などについて楽しみながら学習できます。2014年秋刊行!!

シロアリの事典
吉村 剛 他8名共編
〔ISBN978-4-86099-260-6/A5判/472頁/4,200円〕

シロアリ生物学の最新成果が分かる本。野外での調査方法から、生理・生態に関する最新の知見、建物の防除対策、セルラーゼの産業利用、食料としての利用、教育教材としての利用など、多岐にわたる項目を掲載。カラー16頁付。

早生樹 産業植林とその利用
岩崎 誠 他5名共編
〔ISBN978-4-86099-267-5/A5判/259頁/3,400円〕

アカシアやユーカリなど、近年東南アジアなどで活発に植栽されている早生樹について、その木材生産から、材質の検討、さらにはパルプ、エネルギー、建材利用など加工・製品化に至るまで、技術的な視点から論述。カラー16頁付。

カラー版 日本有用樹木誌
伊東隆夫・佐野雄三・安部 久・内海泰弘・山口和穂
〔ISBN978-4-86099-248-4/A5判/238頁/3,333円〕

木材の"適材適所"を見て、読んで、楽しめる樹木誌。古来より受け継がれるわが国の「木の文化」を語る上で欠かすことのできない約100種の樹木について、その生態と、特にその性質や用途について写真とともに紹介。オールカラー。

すばらしい木の世界
日本木材学会 編
〔ISBN978-4-906165-55-1/A4判/104頁/2,500円〕

グラフィカルにカラフルに、木材と地球環境との関わりや木材の最新技術や研究成果を紹介。第一線の研究者が、環境・文化・科学・建築・健康・暮らしなど木にあらゆる角度から見やすく、わかりやすく解説。待望の再版。

大学の棟梁 木工から木育への道
山下晃功 著
〔ISBN978-4-86099-269-9/四六判/198頁/1,600円〕

木工と木材利用に関する教育活動として国民的な運動となりつつある「木育」。長年にわたり、教育現場で「木育」を実践して、その普及に尽力してきたパイオニアたる著者の半生を振り返るととともに、「木育」の未来についても展望する。

広葉樹の文化
広葉樹文化協会 編／岸本・作野・古川 監修
〔ISBN978-4-86099-257-6/四六判/240頁/1,800円〕

里山の雑木林は弥生以来、農耕と共生し日本の美しい四季の変化を維持してきたが、現代社会の劇的な変化によってその共生を解かれ放置状態にある。今こそ衆知を集めてその共生の「かたち」を創生しなければならない時である。

木の文化と科学
伊東隆夫 編
〔ISBN978-4-86099-225-5/四六判/218頁/1,800円〕

遺跡、仏像彫刻、古建築といった「木の文化」に関わる三つの主要なテーマについて、研究者・伝統工芸士・仏師・棟梁など木に関わる専門家による同名のシンポジウムを基に最近の話題を含めて網羅的に編纂した。

木材科学講座 （全12巻）
再生可能で環境に優しい未来資源である樹木の利用について、基礎から応用まで解説。(7, 10 は続刊)

1 概論(1,860円)／2 組織と材質(1,845円)／3 物理(1,845円)／4 化学(1,748円)／5 環境(1,845円)／6 切削加工(1,840円)／7 乾燥／8 木質資源材料(1,900円)／9 木質構造(2,286円)／10 バイオマス／11 バイオテクノロジー(1,900円)／12 保存・耐久性(1,860円)

＊表示価格は本体価格(税別)です。